C程序设计
实验指导与课程设计

赵　罡　熊曾刚 ◎ 主编

王曙霞　李志敏　张学敏 ◎ 副主编

清华大学出版社

北京

内 容 简 介

本书是按照全国地方高校计算机公共课部教学改革需求编写的"C语言程序设计"课程的配套实验教材。全书内容包括两部分。第一部分是 C 程序设计实验指导,首先从 C 程序的运行环境及基本的数据类型和表达式入手,使学生快速掌握 C 程序的运行环境和基本语法;然后重点讲述顺序、选择和循环结构的实现;接着通过实例讲解数组与函数;最后介绍编译预处理、指针、结构体和共同体、文件与位运算等 C 程序的高级应用。第二部分是课程设计与案例,列出了一系列课程设计选题,并对典型案例进行讲解。

本书内容全面,面向应用,强调基本概念,更注重用程序解决问题的能力,旨在培养学生基本的程序设计能力和良好的程序设计风格。由于本书的内容非常贴近国家计算机等级考试中对 C 语言的要求,因此使学生在学习之余还能轻松应对各种 C 语言考试。

本书适合作为高等学校 C 程序设计实验课程与课程设计的参考教材。

图书在版编目(CIP)数据

C 程序设计实验指导与课程设计/赵罡,熊曾刚主编.—北京:清华大学出版社,2022.8(2025.1重印)
ISBN 978-7-302-60868-4

Ⅰ. ①C… Ⅱ. ①赵… ②熊… Ⅲ. ①C 语言－程序设计－高等学校－教学参考资料 Ⅳ. ①TP312.8

中国版本图书馆 CIP 数据核字(2022)第 083096 号

责任编辑:刘向威 张爱华
封面设计:文 静
责任校对:韩天竹
责任印制:宋 林

出版发行:清华大学出版社
　　　网　　　址:https://www.tup.com.cn,https://www.wqxuetang.com
　　　地　　　址:北京清华大学学研大厦 A 座　　　邮　　编:100084
　　　社 总 机:010-83470000　　　邮　　购:010-62786544
　　　投稿与读者服务:010-62776969,c-service@tup.tsinghua.edu.cn
　　　质量反馈:010-62772015,zhiliang@tup.tsinghua.edu.cn
　　　课件下载:https://www.tup.com.cn,010-83470236
印 装 者:大厂回族自治县彩虹印刷有限公司
经　　　销:全国新华书店
开　　　本:185mm×260mm　　印　张:16　　　字　　数:392 千字
版　　　次:2022 年 9 月第 1 版　　　印　　次:2025 年 1 月第 4 次印刷
印　　　数:4501~6000
定　　　价:49.00 元

产品编号:096560-01

前　言

　　"C语言程序设计"属于计算机专业的入门课,是"数据结构"等课程的前导课程,同时还是国家计算机等级考试中的重点科目。为了深化计算机课程的教学改革,适应全国计算机等级考试 2018 版大纲的变化,在湖北工程学院计算机公共课部的指导下,本书的编写汇集了多名在"C语言程序设计"课程教学一线工作多年的教师,旨在向读者奉献一本既体现当前计算机专业对应用型人才的培养要求,又反映最新计算机等级考试(二级 C 语言)实验大纲内容的系统性实验教材。

　　程序设计语言是大学生必备的重要工具,对学习和工作有很大的帮助。C 语言具有应用广泛、高效和移植性好等优点,很受大学生的欢迎。程序设计实践性很强,在学习程序设计的过程中,不能只满足于听懂老师的讲解,或看懂书上的程序,而应当熟练地掌握程序设计的全过程。对于一个需要用程序求解的问题,能做到独立编写源程序,独立上机调试,独立运行程序,并根据程序运行结果分析程序的正确性。本书正是从这几个方面培养学生的学习能力,努力使学生在学习过程中举一反三、事半功倍。

　　本书以培养读者的 C 语言编程能力为主线,并通过实践环节加强动手能力的训练。为此,本书共设计了两个部分,包括 16 章和 5 个附录。第一部分是 C 程序设计实验指导,共13 章,内容包括 C 程序的运行环境、C 程序设计初步知识、顺序结构、选择结构、循环结构、数组、函数、编译预处理、指针、程序调试技术、结构体和共用体、文件和位运算。第二部分是 C 语言的课程设计,共 3 章,设计了 20 个课程设计选题和两个案例。其中,选题涵盖了游戏开发、文件操作、仿 Windows 应用程序开发等;案例程序的开发都使用了软件工程的方法,即遵循了"分析→设计→编码→运行调试"路线,内容组织合理,案例分析详细,语言通俗易懂。附录中给出了 ASCII 码表、C 语言运算符的优先级与结合性、C 语言常用函数原型及头文件、全国计算机等级考试二级 C 语言程序设计考试大纲(2018 年版)以及全国计算机等级考试二级 C 语言上机题典型例题,涵盖了全国计算机等级考试大纲(二级 C 语言)的全部内容以及在上机过程中要用到的程序调试技术。

　　各章中首先介绍本章基本知识,并列举出在编程中经常出现的错误案例,以使学生能避免同样的错误;在实验内容部分,列举了与本章内容相关的典型例题与典型算法,是本书的重点,学生必须掌握各算法的主要思想,并能灵活运用到程序设计中。此外,各章还布置了一定量的设计题,目的是启发学生思维,锻炼学生解决问题的能力。为了帮助读者熟悉使用VS 调试运行 C 程序,尤其是设置断点和跟踪程序的方法,第 10 章详细介绍了基本的调试过程。本书强调程序调试技术,虽然这部分安排在第 10 章,但鼓励学生在实验的全过程中灵活运用这一工具。

　　本书由湖北工程学院 C 语言教学团队编写,赵罡、熊曾刚任主编,王曙霞、李志敏、张学敏任副主编。赵罡承担书中第 1～13 章和第 15、16 章以及附录的编写,王曙霞承担第 14 章的编写,李志敏和张学敏承担书中程序的调试和校对工作,熊曾刚承担全书的审定工作。

　　由于时间仓促,加之编者水平有限,书中难免出现疏漏,敬请读者批评指正。

编　者

2022 年 3 月

目 录

第一部分 C程序设计实验指导

第一部分
C程序设计实验指导

第1章 C 程序的运行环境

1.1 实验目的

1. 熟练掌握 C 程序在 Visual Studio 中的运行过程。
2. 通过运行简单的 C 程序,了解 C 程序的基本特点。

1.2 课程内容与语法要点

1. 进入 Visual Studio 2013,熟悉 C 语言的集成开发环境。

Microsoft Visual Studio 是美国微软公司的开发工具包系列产品。它是一个基本完整的开发工具集,包括整个软件生命周期中所需要的大部分工具,如 UML 工具、代码管控工具、集成开发环境(IDE)等。所写的目标代码适用于微软支持的所有平台,包括 Microsoft Windows、Windows Mobile、Windows CE、.NET Framework、.NET Core、.NET Compact Framework 和 Microsoft Silverlight 及 Windows Phone。微软对 Visual C++ 6.0 进行了升级,并更名为 Visual Studio(以下简称 VS; Visual Studio 2013 以下简称 VS2013)。VS 支持更多的编程语言,有更加强大的功能。下面以 VS2013 为例进行讲解,其他版本与此类似。

2. 在 VS2013 下运行 C 语言。

VS2013 不支持单个源文件的编译,必须先创建项目(Project)再添加源文件。项目和工程是单词 Project 的不同翻译,它们是同一个概念。

1) 创建项目。

在 VS2013 下开发程序首先要创建项目,不同类型的程序对应不同类型的项目。

(1) 打开 VS2013,在菜单栏中选择"文件"→"新建"→"项目",如图 1-1 所示。或者按 Ctrl+Shift+N 组合键,弹出如图 1-2 所示的对话框。

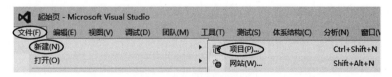

图 1-1　新建项目

(2) 在弹出的对话框左侧的"模板"面板中选择 Visual C++ 下的 Win32 选项,如图 1-3 所示。

4

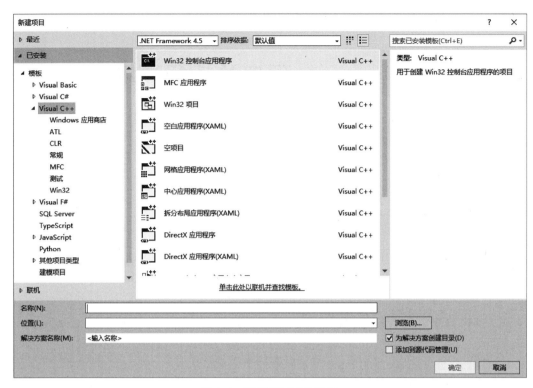

图 1-2 "新建项目"对话框

图 1-3 选择 Win32 选项

（3）选择"Win32 控制台应用程序"，如图 1-4 所示。

（4）在"新建项目"对话框下方的"名称""位置"处填写项目名称，选择存储路径，如图 1-5 所示。

图 1-4　选择"Win32 控制台应用程序"

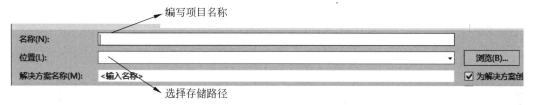

图 1-5　填写项目名称,选择存储路径

注意：项目名称和存储路径最好不要包含中文。

（5）单击"确定"按钮,弹出"欢迎使用 Win32 应用程序向导"对话框,如图 1-6 所示。

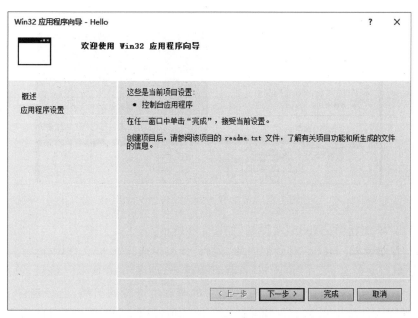

图 1-6　"欢迎使用 Win32 应用程序向导"对话框

（6）单击"下一步"按钮,弹出如图 1-7 所示的"应用程序设置"对话框。

先取消选择"预编译头""安全开发生命周期（SDL）检查"复选框,再选择"空项目"复选框,然后单击"完成"按钮就创建了一个新的项目。

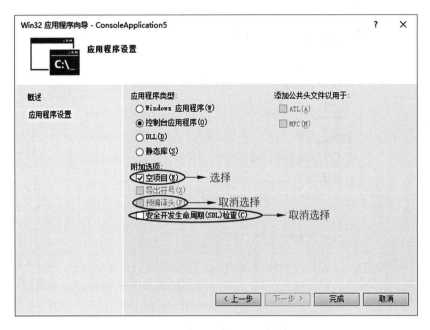

图 1-7　"应用程序设置"对话框

2）添加源文件。

（1）在新建项目的"解决方案资源管理器"面板中的"源文件"处右击，然后在弹出的快捷菜单中选择"添加"→"新建项"，或者按 Ctrl＋Shift＋A 组合键，如图 1-8 所示。

图 1-8　"解决方案资源管理器"面板

（2）弹出"添加新项 - Hello"对话框，如图 1-9 所示。

（3）在"添加新项 - Hello"对话框中的"代码"分类中选择"C++文件（. cpp）"，然后在下方的"名称"处填写文件名称，在"位置"处选择存储路径，如图 1-10 所示。最后，单击"添加"按钮就添加了一个新的源文件。C++是在 C 语言的基础上进行的扩展，已经包含了 C 语言的所有内容，所以大部分 IDE 只有创建 C++文件的选项，没有创建 C 语言文件的选项，但是这并不影响使用。

3）添加代码并运行程序。

（1）新建的源文件界面如图 1-11 所示。在右侧的代码窗口中编写 C 语言程序代码后，单击"本地 Windows 调试器"按钮，或者按 F5 键，就可以完成程序的编译、链接和运行。

图 1-9 "添加新项-Hello"对话框

图 1-10 添加源文件

（2）程序成功运行后，最终结果会输出到弹出的 Win32 控制台上，如图 1-12 所示。

注意：如果代码中没有添加"system("pause");"暂停语句，那么单击"运行"按钮或者按 F5 键后程序会一闪而过。如果想让程序自动暂停，可以按 Ctrl＋F5 组合键，这样程序就

图 1-11　源文件界面

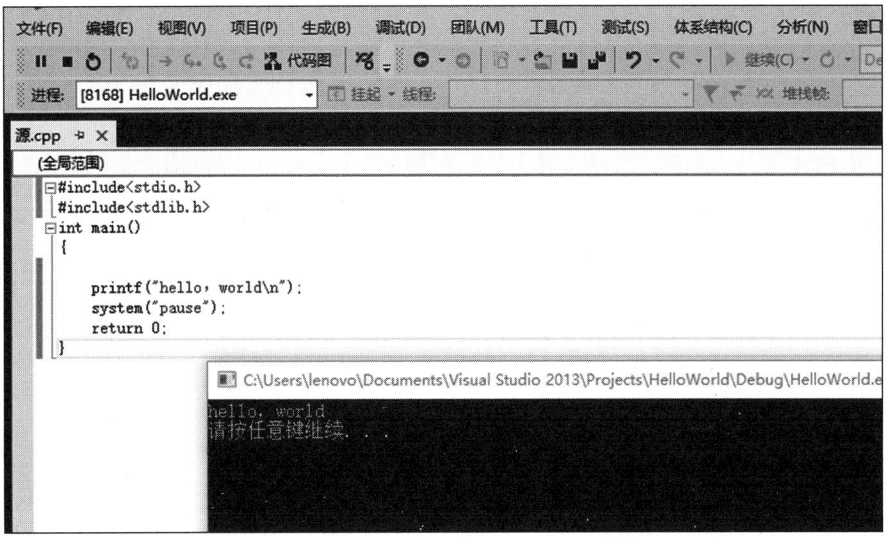

图 1-12　显示输出结果

不会一闪而过了；换句话说，按 Ctrl＋F5 组合键，VS 会自动在程序的最后添加暂停语句。在以后的学习中，可以直接使用 Ctrl＋F5 组合键，不用再分步骤完成，这样会更加方便和实用。

1.3　实验内容

1. 进入 VS 环境，并新建一个 C 语言源程序文件。
2. 熟悉 VS 的集成环境，了解各菜单项的作用，并熟悉几个常见的菜单项的用法。
3. 输入并运行以下程序。

```
# include < stdio. h >
# include < windows. h >
# define PI 3.14159
```

```
int main()
{ int r;
  float v,f;
  r = 2;
  v = 4.0 * PI * r * r * r/3.0;
  f = 4.0 * PI * r * r;
  printf("体积为：%f,表面积为：%f\n",v,f);
  return 0;
}
```

运行结果：

```
体积为：33.510292,表面积为：50.265442
```

4. 分析在调试过程中所发现的错误、系统给出的出错信息和对策。总结 C 程序的结构和书写规则。

注意：

（1）程序在编译时会发现很多错误，此时应从上到下逐一改正，每改一个错误，就重新再编译一次，因为有时一个错误会引出很多错误信息。

（2）当需要用比较复杂的逻辑表达式时，要避免发生优先级上的错误，可以使用最高优先级的运算符"（）"将其括起来，这样既不会出现错误，又增加可读性。

1.4　设计题

1. 输入下面的程序，注意区分大小写。

```
# include < stdio.h>
int main()
{
  printf("This is a C program.\n");
  return 0;
}
```

编译并运行程序。

2. 输入并运行以下程序，观察输出结果。

```
# include < stdio.h>
int main()
{ int a,b,c;
  int max(int x, int y);
  printf("input a and b:");
  scanf("%d,%d",&a,&b);
  c = max(a,b);
  printf("\nmax = %d",c);
```

```
    return 0;
}
int max(int x, int y)
{ int z;
  if(x > y) z = x;
  else z = y;
  return(z);
}
```

第2章 数据类型、运算符和表达式

2.1 实验目的

1. 掌握 C 语言的数据类型,熟悉如何定义一个整型、字符型或实型的变量,以及对它们赋值的方法。

2. 掌握不同数据类型之间赋值的规律。

3. 初步学会使用 C 语言的各种运算符,以及包含这些运算符的表达式,特别是自增(++)和自减(——)运算符的使用。

4. 进一步熟悉根据 C 语言程序的编译信息改正程序的语法错误的方法。

2.2 课程内容与语法要点

1. 数据类型。

1) 整型。

整数类型常被简称为整型,整型变量的基本类型为 int。

根据表达范围可以将整型分为基本整型(int)、短整型(short int)、长整型(long int)。用 long 型可以获得大范围的整数,但同时会降低运算速度。

根据是否有符号可以将整型分为有符号(signed,默认)和无符号(unsigned)两类。

2) 实型。

实型一般分为单精度(float)实型、双精度(double)实型和长双精度(long double)实型三类。

3) 字符型。

字符类型的类型说明符是 char。

例如,"char a;"声明了一个字符型变量 a。

每个字符变量都被分配 1 字节的内存空间,一个字符变量只能存放一个字符。字符值以 ASCII 码的形式存放在存储单元中。如 a 的十进制 ASCII 码是 97,将字符'a'赋值给字符变量 x。代码如下:

```
char x;
x = 'a';
```

实际上是在变量 x 的存储单元内存放 97 的二进制代码。

2. 运算符。

C 语言的"＋""－""＊""/"等符号,分别表示加、减、乘、除等运算,这些表示数据运算的符号称为运算符。

将运算中用到的操作数的个数称为运算符的目。例如,做加法运算需要两个操作数,则"＋"为双目运算符。

运算符的优先级是指先算什么后算什么。例如,先乘除后加减,说的就是乘除与加减运算的优先级。

C 语言中各运算符的结合性分为两种,即左结合性(自左至右)和右结合性(自右至左)。

1) 基本的算术运算符。

算术运算符用于数值计算,主要包括加(＋)、减(－)、乘(＊)、除(/)、求余数(％)、自增(＋＋)和自减(－－)。

在 C 语言中加、减、乘、除、求余数的运算与其他高级语言相同,需要注意的是除法和求余数运算。关于除运算符"/",参与运算的量均为整型时,结果也为整型,舍去小数。如果参与运算的量中有一个是实型,则结果为实型。

求余运算符(模运算符)"％"要求参与运算的量均为整型。求余运算的结果等于两数相除后的余数。

例如:

17/3 可得到 17 除以 3 的商的整数部分 5。

17％3 可得到 17 除以 3 的余数部分 2。

2) 自增、自减运算符。

自增、自减运算符均为单目运算符,都具有右结合性。运算符"＋＋"使变量增加 1,而"－－"则使变量减少 1。

有以下几种形式:

＋＋i   i 自增 1 后再参与其他运算。

－－i   i 自减 1 后再参与其他运算。

i＋＋   i 参与运算后,i 的值再自增 1。

i－－   i 参与运算后,i 的值再自减 1。

例如:

x＝x＋1   可写成 x＋＋,或＋＋x。

x＝x－1   可写成 x－－,或－－x。

x＝y＋＋   表示将 y 的值赋给 x 后,y 加 1。

x＝＋＋y   表示 y 先加 1 后,再将新值赋给 x。

说明:

(1) 自增运算符(＋＋)和自减运算符(－－)只能用于变量,而不能用于常量或表达式。如 3＋＋或(a＋b)＋＋均不合法。

(2) "＋＋"和"－－"的结合方向是自右向左。如－i＋＋相当于－(i＋＋)。

3. 算术表达式。

表达式是由常量、变量、函数和运算符等组合起来的式子。表达式有值及类型,它们等于计算表达式所得结果的值和类型。表达式求值按运算符的优先级和结合性规定的顺序进行。单个的常量、变量、函数可以看作表达式的特例。

算术表达式是指用算术运算符和圆括号等将运算对象(也称操作数)连接起来的、符合 C 语言语法规则的式子,其中表达式也可以作为运算对象。

下列表达式就是算术表达式:

```
a + b;
(a * 3)/b;
( - b + sqrt(b * b - 4 * a * c))/2 * a;
++i;
(++i) - (j++);
```

4. 不同类型数值间的混合运算。

在算术表达式中,各种数值间混合运算时会自动进行类型转换,由少字节类型向多字节类型转换。

也可以通过强制类型转换运算符将一个表达式转换为所需的类型。

其一般形式为:

```
(类型说明符)(表达式)
```

功能:把表达式的运算结果强制转换为类型说明符所表示的类型。

例如:

```
(float)a                //把 a 转换为实型
(int)(x + y)            //把 x + y 的结果转换为整型
```

5. 赋值运算符和赋值表达式、赋值语句。

赋值运算符用于对变量进行赋值。简单赋值运算符记为"="。

其一般形式为:

```
变量 = 表达式
```

例如:

```
a = 3 + b
x = ( - b + sqrt(b * b - 4 * a * c))/(2 * a)
```

赋值运算符具有右结合性。

```
a = b = c = 5
```

可理解为:

```
a = (b = (c = 5))
```

表达式 x＝(a＝1)＋(b＝2)的意义是把 1 赋予 a,2 赋予 b,再把 a 和 b 相加,将和赋值给 x,故 x 的值应等于 3。

在 C 语言中也可以组成赋值语句,按照 C 语言的规定,任何表达式在其末尾加上分号就构成语句。

注意:

(1) 在 C 语言中,单独出现的"＝"为赋值运算符,不是等号。

(2) 赋值运算符的左边只能为单个变量。

(3) 赋值运算符的右边可以是各种表达式,仅仅只是定义过,但是没有经过任何形式赋值的变量不能出现在表达式中。

(4) 数据的初始化赋值不能采用如"a＝b＝5;"的形式。

6. 复合赋值运算符。

复合赋值运算符可用来简化赋值语句,适用于所有的双目运算符。其一般形式为:

<变量>＝<变量><操作数><表达式>

写成复合赋值表达式的形式如下:

<变量><操作数>＝<表达式>

即在赋值运算符"＝"前加上其他运算符可构成复合赋值运算符,如＋＝、－＝、＊＝、/＝。

例如:

```
a = a + b;        可写成    a += b;
a = a&b;          可写成    a& = b;
a = a/(b-c);      可写成    a/ = b - c;
```

复合赋值运算符的这种写法有利于编译处理,能提高编译效率并产生质量较高的目标代码。

7. 逗号运算符和逗号表达式。

在 C 语言中运算符类型丰富,逗号","也是一种运算符,称为逗号运算符。其功能是把两个表达式连接起来组成一个表达式,这样的表达式称为逗号表达式。

其一般形式为:

表达式 1,表达式 2

其含义是分别求两个表达式的值,并以表达式 2 的值作为整个逗号表达式的值。

说明:

(1) 逗号表达式一般形式中的表达式 1 和表达式 2 也可以是逗号表达式。例如:

表达式 1,(表达式 2,表达式 3)

这样就形成了嵌套。因此可以把逗号表达式扩展为以下形式:

表达式 1,表达式 2,…,表达式 n

整个逗号表达式的值等于最后一个表达式即表达式 n 的值。

（2）程序中的逗号表达式主要用于将若干表达式串联起来，表示一个顺序的操作（计算），即通常是要分别求逗号表达式内各表达式的值，并不一定要求整个逗号表达式的值。

2.3　实验内容

1. 输入并运行下面的程序。

```
# include < stdio.h>
int main()
{char c1,c2;
c1 = 'a';
c2 = 'b';
printf(" % c % c",c1,c2);
return 0;}
```

注意：C 程序中的单引号与双引号都必须成对使用，而且不分正引号和反引号。

1）运行此程序。

2）加入下面的语句作为"}"前的最后一个语句：

```
printf(" % d, % d\n",c1,c2);
```

3）将第 3 行改为：

```
int c1,c2;
```

然后再运行程序，观察结果是否相同。

4）将第 3 行改为：

```
int c1,c2;
```

将第 4、5 行依次改为：

```
c1 = a;c2 = b;
c1 = "a";c2 = "b"
c1 = 300;c2 = 400;
```

每改一次后运行程序，观察结果。

根据实验的结果可得出什么结论？

2. 已知 a＝5，b＝6，x＝8.7，y＝3.4（a、b 为整型，x、y 为浮点型），计算算术表达式 $(\text{float})(a＋b)/2＋(\text{int})x\%(\text{int})y$ 的值。试编程上机验证。

1）先判断结果的值类型，设置一个此类型的变量用于记录表达式结果，本例用变量 s 存放结果。

2）程序先给几个变量赋初值，然后将表达式赋值给变量。

3）最后打印变量 s 的值，就是表达式的值。

```
#include<stdio.h>
int main()
{ int a=5,b=6;
float x=8.7,y=3.4;
double s;
s=(float)(a+b)/2+(int)x%(int)y;
printf("(float)(a+b)/2+(int)x%  %(int)y=%f\n",s);
return 0;}
```

3. 输入下面的程序：

```
#include<stdio.h>
int main()
{int i,j;
i=8;j=10;
printf("%d,%d\n",++i,++j);
i=8;j=10;
printf("%d,%d\n",i++,j++);
i=8;j=10;
printf("%d,%d\n",++i,i);
i=8;j=10;
printf("%d,%d\n",i++,i);
return 0;}
```

运行程序并分析运行结果。

4. 赋值表达式练习。

```
#include<stdio.h>
int main()
{ int a,b;
float x,y;
x=y=b=a=3;
a+=a;
y-=2;
b*=2+3;
x/=x+x;
a%=(b%=2);
a+=a-=a*=a;
printf(" %d\t%d\n",a,b);
printf(" %f\t%f\n",x,y);
return 0;}
```

运行程序并分析运行结果。

5. 关系表达式练习。编程判断两个分数 12/345678999 与 34/567899999 哪个大。

```
#include<stdio.h>
int main()
```

```
{double x,y;
x = 12./345678999;y = 34./567899999;
printf("(x > y) == % d\n",x > y);
return 0;}
```

运行程序并分析运行结果。

2.4　设计题

1. 写出下面表达式的值,再用程序验证。

```
99/100 * 100
99 * 100/100
99/100.0 * 100
99/100 * 100.0
(double)99/100 * /100
(double)(99/100 * 100)
```

2. 先定义:

```
int x = 11,y = 10,z;
```

再写出下列变量的值并用程序验证。

z=(x++)+(++y)　　　　x=_____,　y=_____,　z=_____。

z=x>(++y)?++x : y++;　x=_____,　y=_____,　z=_____。

z=1,x=1,y--;　　　　x=_____,　y=_____,　z=_____。

z=(1,x=1)+(y++,x)　　x=_____,　y=_____,　z=_____。

3. 先定义:

```
int x = 20,y = 11,z;
```

再写出下列表达式和变量的值并用程序验证。

x>0 && y!=11　　　表达式值为_____。

z=x<10;　　　　z=_____。

z=!x<10;　　　　z=_____。

z=!(x<10);　　　z=_____。

x==20||(z=y)!=11;　表达式值为_____,z=_____。

x!=20 && (z=y)!=11;　表达式值为_____,z=_____。

4. 先定义:

```
int x = 49,y = 37,z;
```

再写出下列表达式的值并用程序验证。

z＝x&y;　　　z＝_____。

z＝x|y;　　　z＝_____。

z＝x^y;　　　z＝_____。

z＝x＜2;　　　z＝_____。

z＝y＞3;　　　z＝_____。

5. 从键盘输入球体的半径,输出过球心的截面的周长和面积,以及球体的表面积和球体的体积。

6. 已知 a＝10,x＝8.3,y＝5.9(a 为整型,x、y 为浮点型),计算算术表达式 x＋a％3 ＊(int)(x＋y)％2/4 的值。试编程并上机验证。

7. 任意输入一个三位整数,分离出它的个位、十位和百位数字并输出。

8. 已知三角形的三边长分别为 8、9、10,求此三角形的面积。

第 3 章   顺序结构程序设计

3.1   实验目的

1. 掌握 C 语言中的赋值语句的使用方法。
2. 掌握各种类型数据的输入输出方法,能正确使用各种格式输出符。
3. 理解 C 语言程序的顺序结构。

3.2   课程内容与语法要点

1. 顺序结构。

顺序结构是最简单的结构,指的是按照语句顺序执行。在顺序结构程序中,一般包括以下几个部分。

(1) 程序开头的编译预处理命令。

在程序中要使用标准函数(又称库函数)必须使用编译预处理命令,将相应的头文件包含进来。

(2) 顺序结构程序的函数体中是完成具体功能的各语句和运算,主要包括变量类型的说明、提供数据语句、运算部分、输出部分。

2. 输出函数 printf。

其一般形式为:

```
printf(格式控制字符串,输出表列);
```

函数功能:按照格式控制字符串指定的格式,向标准输出设备输出数据。

说明:

(1) printf 函数是 C 语言中的标准函数,必须用编译预处理命令 #include < stdio. h >将标准输入输出函数头文件包含进来。

(2) 函数参数包括两部分:格式控制字符串和输出表列。"输出表列"是要输出的项,可以为多个,用逗号进行分隔;输出项可以是变量名,也可以是表达式。

例如:

```
printf("学生总成绩为%d分,平均成绩为%f分\n",sum,aver)
```

注意：输出项的个数要与格式控制字符串中类型的个数相匹配,否则结果难料。

3. 输入函数 scanf。

其一般格式为：

```
scanf(格式控制字符串,地址列表);
```

函数功能：按指定格式从键盘读入数据,存入地址列表指定的存储单元中,按 Enter 键结束输入。

说明：

(1) 格式控制字符串的含义与 printf 类似,用以指定输入数据项的类型和格式。

(2) 地址列表是由若干地址组成的列表,可以是变量的地址(& 变量名)或字符串等的起始地址,变量的地址常用取地址运算符"&"得到。

(3) 输入一般以空格、Tab 或 Enter 键作为分隔符,建议在 scanf 函数的格式控制字符串中不要使用其他字符。

注意：

(1) scanf 函数中"格式控制字符串"后面应当是变量地址,而不应是变量名。例如,"scanf("%d,%d",a,b);"不合法,应改为"scanf("%d,%d",&a,&b);"。

(2) 如果在"格式控制字符串"中除了格式说明以外还有其他字符,则在输入数据时在对应位置应当输入与这些字符相同的字符。

例如：

```
scanf(" % d, % d, % d",&a,&b,&c);
```

应当输入

```
3,4,5;
```

不能输入

```
3 4 5
```

4. 字符输入输出函数。

对于字符型的数据,还可以采用 putchar 和 getchar 函数输出和输入。

1) putchar 函数(字符输出函数)。

其一般形式为：

```
putchar(字符表达式);
```

函数功能：向终端(显示器)输出一个字符(可以是可显示的字符,也可以是控制字符或其他转义字符)。

例如：

```
putchar('y'); putchar('\n'); putchar('\101'); putchar('\'');
```

注意：用 putchar 函数一次只能输出一个字符。

2）getchar 函数（字符输入函数）。

其一般形式为：

```
c = getchar();
```

函数功能：从终端（键盘）输入一个字符，按 Enter 键确认。函数的返回值就是输入的字符。

注意：用 getchar 函数一次只能输入一个字符。

3.3　实验内容

1. 掌握各种格式输出符的使用方法。

```
# include < stdio. h>
int main()
{int a,b;
float   d,e;
char   c1,c2;
double   f,g;
long n,m;
unsigned   p,q;
a = 61;b = 62;
c1 = 'a';c2 = 'b';
d = 3.56; e = − 6.87;
f = 3156.890121;g = 0.123456789;
m = 50000;n = − 60000;
p = 32768;q = 40000;
printf("a = % d,b = % d\nc1 = % c,c2 = % c\nd = % 6.2f,e = % 6.2f\n",a,b,c1,c2,d,e);
printf("f = % 15.6f,g = % 15.12f\nm = % ld,n = % ld\np = % u,q = % u\n",f,g,m,n,p,q);
return 0;}
```

（1）运行此程序并分析运行结果。

（2）在此基础上，修改程序的第 9～14 行：

```
a = 61;b = 62;
c1 = a;c2 = b;
f = 3156,890121;g = 0.123456789;
d = f;e = g;
p = a = m = 50000;q = b = n = − 60000;
```

运行程序，分析运行结果。

（3）将第 9～14 行改为以下 scanf 语句，即用 scanf 函数接收从键盘输入的数据：

```
scanf(" % d, % d, % c, % c, % f, % f, % lf, % lf, % ld, % ld, % u, % u",&a,&b,&c1,&c2,&d,&e,&f,&g,
&m,&n,&p,&q);
```

顺序结构程序设计

运行程序(无错误的情况下),输入如下数据:

```
61,62,a,b,3.56, − 6.87,3156,890121,0.123456789,50000, − 60000,32768,40000
```

2. 编写程序,在屏幕上输出下列字符串。

```
Hello, world!
c:\test\a.cpp
I like the C programming language!
```

参考程序如下:

```
# include < stdio. h >
int main()
{ printf("Hello,world!\n");
printf("c:\test1\a.cpp\n");
printf("I like the C programming language! \n");
return 0;}
```

3.4 设计题

1. 输入圆的半径 r、圆柱体的高 h,求圆的周长、面积,圆球的表面积、体积以及圆柱体体积。用 scanf 函数输入数据,输出计算结果,输出时要有文字说明,取小数点后 2 位数字(程序中圆周率 π 可用名字 PI 代替)。

2. 编写程序,用 getchar 函数读入两个字符,分别赋给 c1、c2,然后分别用 putchar 函数和 printf 函数输出这两个字符。

3. 按"a=1,b=2,c=1"的格式输入一元二次方程的系数,输出方程的解(设输入的方程都有实数解)。

第4章 选择结构程序设计

4.1 实验目的

1. 了解 C 语言表示逻辑值的方法。
2. 学会正确使用逻辑运算符和逻辑表达式。
3. 熟悉 if 语句和 switch 语句。
4. 结合程序掌握一些简单的算法。

4.2 课程内容与语法要点

1. if 语句。

1）基本 if 语句的两种格式。

格式一如图 4-1 所示。

其一般形式为：

```
if (条件表达式)
    {语句(组)}
```

这种格式的 if 语句执行时，先计算条件表达式的值，若为真，则执行语句(组)；若为假，则不执行任何语句，直接执行 if 语句的后续语句。

格式二如图 4-2 所示。

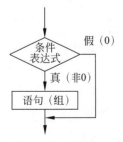

图 4-1 if 语句的格式一

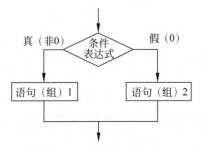

图 4-2 if 语句的格式二

其一般形式为：

```
if (条件表达式)
    {语句(组)1}
else
    {语句(组)2}
```

这种格式的 if 语句执行时,先计算条件表达式的值,若为真,则执行语句(组)1,不执行语句(组)2;若为假,则执行语句(组)2,不执行语句(组)1。

if 语句的各分支语句块如果只有一条语句,可以不加"{}"。例如：

```
if (x > y)
printf(" % d\n",x);
else
printf(" % d\n",y);
```

这时,语句后面的分号不可省略。

if 语句的各分支语句块如果有多条语句,必须用{}组织成一条复合语句。例如：

```
if(x > y)
{   z = x;
    flag = 0;
}
else
{
    z = y;
    flag = 1;
}
```

各分支中应该设计多少语句是由程序解决的问题决定的。常见的错误是不知道如何用"{}"组织各分支中的复合语句,或干脆漏掉了"{}"。如上例如果错写为如下语句,则会出现编译错误：

```
if(x > y)
z = x;
flag = 0;
else
z = y;
flag = 1;
```

在这组语句中,if 语句的分支只有一条语句"z＝x；",这条语句结束后,if 语句结束,这样,其他语句就是与 if 并列的语句,如下：

```
if (x > y)   z = x;
flag = 0;
else…
```

这样,else 便没有 if 与之匹配,而产生语法错误。

强调:if 可以没有匹配的 else,但 else 之前一定要有与之匹配的 if。

2)嵌套的 if 语句。

if 语句的嵌套形式如图 4-3 所示。

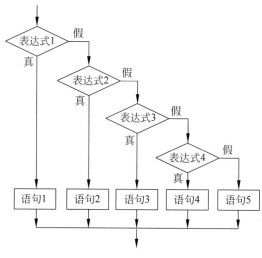

图 4-3   if 语句的嵌套

其一般形式为:

```
if(表达式 1) 语句 1
else if(表达式 2) 语句 2
else if(表达式 3) 语句 3
    ⋮
else if(表达式 m) 语句 m
else    语句 n
```

嵌套的 if 语句关键是要识别各 else 与哪个 if 匹配,从而分清层次。原则是:各 else 总是与它之前的未曾匹配过的 if 匹配,构成 if 语句。

试理解如下语句:

```
if(a > b) if (c!= 0) d = b; else d = a;
```

这条语句没有编译错误,但可能有以下两种理解。

理解一:

```
if(a > b) { if (c!= 0) d = b; else d = a;}
```

理解二:

```
if(a > b) {if (c!= 0) d = b;} else d = a;
```

但根据前述的匹配规则,可以看出理解一是正确的,else 与内层的 if 匹配。

if 语句的条件部分必须是最终能作为逻辑值的表达式,可以是关系表达式、逻辑表达式、整数或指针。它们作为条件的判定规则如下。

关系表达式、逻辑表达式:成立为真,不成立为假。

整数:非 0 为真,0 为假。

指针:非空为真,空为假。

应该正确地将问题所描述的条件正确转换为条件,否则不能得到正确的判断效果。如判断数学中"如果 x 大于 0 且小于 10",在数学中的表达式是 $0 < x < 10$,但如果写成语句:

```
if(0 < x < 10) …
```

会出现错误,达不到以上判断效果。在多条件组合判断时,要用逻辑表达式将多关系表达式组织成逻辑表达式。上述条件正确的写法是:

```
if(x > 0&&x < 10) …
```

2. switch 语句。

当需要进行多分支判断时,可以用嵌套的 if 语句,但复杂的 if 嵌套会增加理解程序的难度,而 switch 语句在程序结构上更清晰。

switch 语句是多分支选择语句,用来实现多分支选择结构。它的一般形式如下:

```
switch(表达式)
{
    case 常量表达式 1:语句 1
    case 常量表达式 2:语句 2
     ⋮
    case 常量表达式 n:语句 n
    default:语句 n + 1
}
```

例如,要求按照考试成绩的等级打印出百分制分数段,可以用如下 switch 语句实现:

```
switch(grade)
{
    case 'A': cout <<"85~100\n";break;
    case 'B': cout <<"70~84\n";break;
    case 'C': cout <<"60~69\n";break;
    case 'D': cout <<"< 60\n";break;
    default: cout <<"error\n";
}
```

这段程序实现了如图 4-4 所示的多分支结构。

switch 结构中需要说明的语法要点如下。

(1) switch 后面括号内的表达式类型必须是有界可数类型,如整型和字符型,不允许为浮点型。

(2) 当 switch 表达式的值与某一个 case 子句中的常量表达式的值相匹配时,就执行此

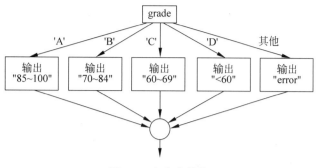

图 4-4　多分支结构

case 子句中的内嵌语句,若所有的 case 子句中的常量表达式的值都不能与 switch 表达式的值匹配,就执行 default 子句的内嵌语句。

（3）每一个 case 表达式的值必须互不相同,否则就会出现互相矛盾的现象(对表达式的同一个值,有两种或多种执行方案)。

（4）各 case 和 default 的出现次序不影响执行结果。例如,可以先出现"default:…",再出现"case 'D':…",然后是"case 'A':…"。

（5）在 case 子句中虽然包含一个以上的执行语句,但可以不必用花括号括起来,会自动顺序执行本 case 子句中所有的执行语句。

（6）多个 case 可以共用一组执行语句。如:

```
case 'A':
case 'B':
case 'C':printf(">60\n");break;
    ⋮
```

当 grade 的值为 'A'、'B' 或 'C'时都执行同一组语句。

（7）break 语句将引导程序退出 switch 结构,它在程序中不是必需的,当某个 case 子句中未加 break 时,它会继续执行下一个 case 子句而不会跳出 switch。

强调:case 后面必须是常量或常量表达式,不可出现变量。如:

```
case 2:…
case 2 + 3:…
```

一些现实中的含义必须表达为正确的 switch。例如,当 x 大于或等于 4 且小于或等于 6 时,y 加 1,不能写成:

```
case  4 < = x < = 6:y++;
```

或

```
case  4,5,6:y++;
```

只能写成:

选择结构程序设计

```
case  4:
case  5:
case  6:y++;
```

或

```
case  4: case  5:  case 6: y++;
```

在一个有一定功能的程序中,每个 case 分句中一般都用 break,这一点很容易忽略,不过也很容易从输出结果中识别出错误并改正。

4.3 实验内容

按要求编程解决以下问题,然后上机调试并运行程序。

1. 求下列分段函数的值:

$$y = \begin{cases} x & x < 1 \\ 2x - 1 & 1 \leqslant x < 10 \\ 3x - 11 & x \geqslant 10 \end{cases}$$

用 scanf 函数输入 x 的值,求 y 的值。

程序提示:

main 函数结构如下。

定义实型变量 x 与 y。

使用 scanf 函数输入 x 的值。

```
if x < 1
    y = x
else
if   x < 10
    y = 2x - 1
else
y = 3x - 11
```

输出 x 的值与 y 的值。

2. 给出一个百分制的成绩,要求输出成绩等级 A、B、C、D 或 E。90 分及以上为 A,80～89 分为 B,70～79 分为 C,60～69 分为 D,60 分以下为 E。要求从键盘输入成绩,然后输出相应等级,分别用 if 语句和 switch 语句实现。

程序提示:

(1) 使用 if 语句的 main 函数结构如下。

定义 float 型变量 score、char 型变量 grade,输入百分制成绩并赋给 score。

```
if   score > = 90
grade = 'A'
else  if  score > = 80
```

```
grade = 'B'
else  if   score > = 70
grade = 'C'
else   if   score > = 60
grade = 'D'
else   grade = 'E'
```

输出百分制成绩和等级。

（2）使用 switch 语句的 main 函数结构如下。

定义 float 型变量 score、char 型变量 grade，输入百分制成绩并赋给 score。

```
switch(int(score/10))
{
    case  10:
    case  9:    grade = 'A';break;
    case  8:    grade = 'B';break;
    case  7:    grade = 'C';break;
    case  6:    grade = 'D';break;
    default:    grade = 'E';break;
}
```

输出百分制成绩和等级。

3. 编程实现：输入一个不超过 5 位的正整数。要求：

（1）输出它是几位数。

（2）分别输出每一位数字。

（3）按逆序输出各位数字，如原数为 321，则应输出 123。

应准备以下测试数据：

要处理的数为 1 位正整数；

要处理的数为 2 位正整数；

要处理的数为 3 位正整数；

要处理的数为 4 位正整数；

要处理的数为 5 位正整数。

除此之外，程序还应当对不合法的输出做必要的处理。例如：输入负数；输入的数超过 5 位。

程序提示：

main 函数结构如下。

定义 long 型变量 num 和 int 型变量 c1、c2、c3、c4、c5，输入一个不超过 5 位的正整数赋给 num。

```
if   num > 99999
输出：输入的数超过 5 位。
else if   num < 0
```

选择结构程序设计

```
输出:输入的数是一个负数。
else
{
    求得 num 的各位数字,分别赋给 c1、c2、c3、c4、c5:
    c1 = num/10000;
    c2 = (num - c1 * 10000)/1000;
    c3 = (num/100) % 10;
    c4 = (num/10) % 10;
    c5 = num % 10;
    if(c1 > 0)
    {   printf("\n % 1d 是一个 5 位数\n",num);
        printf("其各位分别为: % 1d, % 1d, % 1d, % 1d, % 1d\n",c1,c2,c3,c4,c5);
        printf("逆序输出为: % 1d % 1d % 1d % 1d % 1d\n",c5,c4,c3,c2,c1);
    }
    else if(c2 > 0) 是 4 位数,输出其各位数字,格式与 5 位数类似。
    else if(c3 > 0) 是 3 位数,输出其各位数字,格式与 5 位数类似。
    else if(c4 > 0) 是 2 位数,输出其各位数字,格式与 5 位数类似。
    else if(c5 > 0) 是 1 位数,输出其值,格式与 5 位数类似。
}
```

4. 编程实现:输入 4 个整数,要求按由小到大的顺序输出。得到正确结果后,修改程序,使之按由大到小的顺序输出。

main 函数结构如下。

```
int a,b,c,d,t;
    输入 4 个整数:赋给 a,b,c,d;
    if(a > b) 交换 a,b
    if(a > c) 交换 a,c
    if(a > d) 交换 a,d
    if(b > c) 交换 b,c
    if(b > d) 交换 b,d
    if(c > d) 交换 c,d
    输出 a,b,c,d
```

4.4 设计题

1. 输入一个整数,判断它是奇数还是偶数。

2. 由键盘输入 3 个整数,判断以这 3 个数为边长的三角形属于什么类型(不等边、等腰、等边或不能构成三角形)。

3. 从键盘输入两个整数和一个运算符,分别求出其和、差、积、商并输出。

4. 企业根据利润提成发放奖金。利润(i)低于或等于 10 万元时,奖金可提 10%;高于 10 万元、低于 20 万元时,低于 10 万元的部分按 10% 提成,高于 10 万元的部分可提成 7.5%;20 万元到 40 万元之间时,高于 20 万元的部分可提成 5%;40 万元到 60 万元之间时,高于 40 万元的部分可提成 3%;60 万元到 100 万元之间时,高于 60 万元的部分可提成

1.5%；高于 100 万元时，高出 100 万元的部分按 1% 提成。从键盘输入当月利润 i，求应发放奖金总数。要求：

（1）用 if 语句编写程序；

（2）用 switch 语句编写程序。

5. 从键盘输入 x，计算并打印下列分段函数的值。

```
y = 0 (x < 60)
y = 1 (60 < = x < 70)
y = 2 (70 < = x < 80)
y = 3 (80 < = x < 90)
y = 4 (x > = 90)
```

第5章　循环结构程序设计

5.1　实验目的

1. 掌握在设计条件型循环结构时如何正确地设定循环条件。
2. 掌握如何正确地控制计数型循环结构的循环次数。
3. 练习并掌握选择结构与循环结构的嵌套、多重循环的应用。
4. 掌握在程序设计中如何用循环的方法实现一些常用算法,加强调试程序的能力。

5.2　课程内容与语法要点

在人们所要处理的问题中常常遇到需要反复执行某一操作的情况,这就需要用到循环控制,许多应用程序都包含循环。顺序结构、选择结构和循环结构是结构化程序设计的 3 种基本结构,是各种复杂程序的基本构造单元,任何程序都是由这 3 种结构复合、叠加而成的。

1. 循环语句。

循环结构有 3 种:while 循环、do-while 循环和 for 循环。

1) while 循环。

while 循环结构如图 5-1 所示。

其一般形式为:

> While (表达式) 语句

其作用是:当指定的条件为真(表达式为非 0)时,执行 while 语句中的循环体语句,只要条件为假,就停止循环。其特点是:先判断表达式,后执行语句。

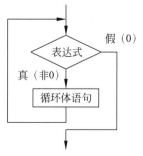

图 5-1　while 循环结构

2) do-while 循环。

do-while 循环结构的特点是先执行循环体,然后判断循环条件是否成立。其一般形式为:

```
do
    语句
while (表达式);
```

它是这样执行的:先执行一次指定的语句(即循环体),然后判别表达式,当表达式的值为非 0("真")时,返回重新执行循环体语句。如此反复,直到表达式的值等于 0 为止,此时循环结束。do-while 循环结构如图 5-2 所示。

3) for 循环。

for 循环结构使用最为广泛和灵活,不仅可以用于循环次数已经确定的情况,而且可以用于循环次数不确定而只给出循环结束条件的情况,它完全可以代替 while 语句。其一般形式为:

```
for(表达式 1;表达式 2;表达式 3) 语句
```

for 循环结构如图 5-3 所示。

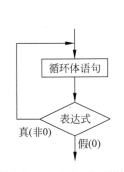

图 5-2   do-while 循环结构

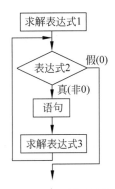

图 5-3   for 循环结构

for 语句执行过程如下。

(1) 执行表达式 1。

(2) 执行表达式 2,若其值为真(值为非 0),则执行循环体,然后执行下面第(3)步。若为假(值为 0),则结束循环,转到第(5)步。

(3) 求解表达式 3。

(4) 转回第(2)步继续执行。

(5) 循环结束,执行 for 语句下面的一个语句。

for 语句的说明如下:

(1) 以上给出的只是 for 语句的一般格式,实际上 for 语句格式非常灵活,在控制循环的三部分中,每个部分都可以省略,表达式 1 和表达式 3 也可以是多条语句,这时它们之间用逗号隔开。

（2）如果表达式 2 省略，即不判断循环条件，则循环无终止地进行下去，也就是认为表达式 2 始终为真。表达式 1 可以是设置循环变量初值的赋值表达式，也可以是与循环变量无关的其他表达式。表达式一般是关系表达式（如 i<=100）或逻辑表达式（如 a<b && x<y），但也可以是数值表达式或字符表达式，只要其值为非 0，就执行循环体。

强调：

（1）循环程序的关键是能分离出循环体，也就是需要反复执行的语句，然后用适当的循环结构控制它反复执行，直到条件不成立。循环体部分如果有多条语句，一定要用{}组织成复合语句。例如：

```
for(i = 0;i < 10;i++)
{ sum = sum + i;
count++ }
```

这时{}中的两条语句为循环体，重复执行 10 次。如果漏加了{}，如：

```
for(i = 0;i < 10;i++)
sum = sum + i;
count++
```

这样的效果是：

```
for(i = 0;i < 10;i++) sum = sum + i;
count++
```

也就是"sum＝sum＋i;"执行 10 次，而 count＋＋只执行了一次。

以下编程错误也很常见：

```
for(i = 0;i < 10;i++);
{ sum = sum + i;
  count++
}
```

这时循环语句没有循环体，执行空循环 10 次，而 sum＝sum＋i、count＋＋两条语句各执行一次。

（2）用于控制循环是否执行的变量也可以在循环体中参与运算。

（3）3 种循环都可以用来处理同一问题，一般情况下它们可以互相转换。但具体到某个问题，可能选择某种循环结构相对简单，或更容易理解。一般地，循环次数未知的循环问题用 while 和 do-while 循环较方便。而这两种循环的区别在于 while 循环先判断条件，条件成立时才执行循环；而 do-while 循环是先执行循环体，然后判断条件，条件成立时才执行下一次循环。所以当循环开始条件就不成立时，while 循环体一次都不会执行，而 do-while 循环的循环体总会被执行一次。当循环次数已知时，用 for 循环较合适。

2．循环嵌套。

一个循环体内又包含另一个完整的循环结构，称为循环的嵌套。内嵌的循环中还可以嵌套循环,这就是多重循环。3 种循环(while 循环、do-while 循环和 for 循环)可以互相嵌套。

例如:

```
for(;;)
{ …
while()
{ …}
…
}
```

又如:

```
do
{  …
for (;;)
{ …}
…
}while();
```

多重循环的执行过程是:外层循环体每执行一次,内层循环语句就要完整地执行一轮(这个过程类似于钟表中的时针、分针和秒针的运动过程)。

外层循环变量可以用在内层循环中,更多的情况是由外层循环的循环变量控制内层循环的循环次数。

3. 循环体中的 break 和 continue 语句。

break 语句不仅可以用于 switch 结构中,还可以用于循环体内。

break 语句的格式为:

```
(语句); break;
```

其作用是使流程从循环体内跳出循环体,即提前结束循环,接着执行循环体下面的语句。break 语句只能用于循环语句和 switch 语句内,不能单独使用或用于其他语句中。

continue 语句的格式为:

```
(语句) ; continue;
```

其作用是结束本次循环,即跳过循环体中下面尚未执行的语句,接着进行下一次是否执行循环的判定。

显然,这两条语句不应该作为独立的语句出现在循环体中,因为这样会使循环体中部分语句永远不会被执行(这时在编译时将会产生一个警告),它们必须出现在循环体中判断语句的某个分支上。它们的正确用法如下:

```
while(表达式 1)
{  …
if(表达式 2) continue;
```

循环结构程序设计

```
…
}
while(表达式 1)
{ …
if(表达式 2)break;
…
}
```

在循环体中使用了 break 语句后,有两种原因使循环退出程序:一种是表达式 1 不成立时退出;另一种是表达式 2 成立时退出。所以在这样的循环语句执行完后,常常接一个 if 语句,判断是由于何种原因退出程序,从而进行不同的处理。

5.3　实验内容

1. 累加法。

累加法是经常用到的方法,如求 100 以内的自然数之和、圆周率的计算等。累加(累乘)算法描述的是将一系列数据的和(积)存入结果中。

```
累加形式：V = V + e
累乘形式：V = V * e
```

其中,V 是累加(累乘)结果,e 是递增表达式。累加和累乘一般通过循环结构来实现。

用累加法时一方面要注意循环的控制,如求 100 以内的自然数之和,循环条件是 $i<=100$,而求圆周率时要求最后一项小于 10^{-6},即 fabs(t)>=1e-6。另一方面要注意累加(乘)项 e 的得到。这两方面做到了,问题也就基本解决了。

例如,一个球从 100 米高度自由落下,每次落地后反跳回原高度的一半再落下,求它在第 10 次落地时共经过多少米,第 10 次反弹多高。

程序分析:根据题意,本题是一个求累加和的问题,将上述累加算法稍加修改即可解决此问题。球的第一次高度是 100 米,且单程;而后的每次弹跳高度减半,但为双程,那么每次弹跳经过的路程可以轻松计算出来,将其累加起来即为问题的答案。即计算弹跳的总路程公式为:100+50×2+25×2+12.5×2+…

同时弹跳需要进行 10 次,所以用 for 循环比较合适。

main 函数算法如下:

```
定义 float 型变量 v(经过的总距离)、h(高度)、e(当前一次弹跳经过的距离)和 int 型变量 i(弹跳次数)
    for(i = 2;i <= 10;i++) {
        if(i == 1)
            e = h;              //单程
        else {
            h = h/2;            //反跳高度减半
            e = h * 2;          //双程
        }
        v = v + e;              //第 n 次落地时共经过的距离
    }
输出 v 和 h 的值
```

2. 迭代法。

迭代法也称辗转法,是一种不断用变量的新值迭代旧值的过程。迭代法是计算机解决问题的一种基本方法,它利用计算机运行速度快、适合做大量重复性工作的特点,让计算机对一组指令(或一定步骤)重复执行,每次执行这组指令时,都用变量的新值去迭代旧值。

利用迭代法解决问题的步骤如下。

首先,确定迭代变量。迭代问题中一定存在一个不断用新值迭代旧值的变量,该变量就是迭代变量。

其次,建立迭代关系。所谓迭代关系,就是如何从变量的旧值推导出新值。迭代关系的建立是解决迭代问题的关键,通常可以使用递推或倒推的方法来完成。

最后,对迭代过程进行控制。迭代不能无休止地执行下去,所以应该考虑迭代执行的条件。迭代过程控制一般分为两种情况:一种是迭代次数已确定,此时只需要构建一个固定次数的循环来控制迭代过程即可;另一种情况是迭代次数无法确定,需要分析得出一个结束迭代过程的条件。

例如,输入两个正整数 m 和 n,求出它们的最大公约数和最小公倍数。

输入时使 m＜n,观察结果是否正确;

再输入时使 m＞n,观察结果是否正确;

修改程序,使对任何整数 m 和 n 都能得到正确的结果。

程序提示:求两个正整数的最大公约数采用辗转相除法。

(1) 输入正整数 m 和 n,保证 m 不小于 n。

(2) 如果 n 不等于 0,则求 r＝m％n,然后 m＝n,n＝r;重复此操作直到 n 等于 0。

(3) 如果 n 等于 0,则此时 m 就是最大公约数,而最小公倍数是这两数之积除以这两个数的最大公约数得到的商。

main 结构如下:

```
int m,n,r,tm,tn;
输入两个正整数赋给 m 和 n
tm = m;tn = n;
if(m < n)交换 m,n
r = m % n;
while(r)
{
    m = n;
    n = r;
    r = m % n;
}
输出最大公约数 n 和最小公倍数 m * tn/n;
```

将以上程序中的

```
tm = m;tn = n;
if(m < n)交换 m,n
r = m % n;
while(r)
```

循环结构程序设计

```
    {
        m = n;
        n = r;
        r = m % n;
    }
```

改为

```
    while(r = m % n)
    {
        m = n;
        n = r;
    }
```

再运行程序,体会 C 语言的编程风格。

3. 递推法。

有一类问题,相邻的每两项(也可能多于两项)之间的变化有一定的规律性,这种规律性就可以归纳为递推式: $X_n = f(X_n - 1)$。这就在数的序列中建立前项和后项的关系,然后从初始条件入手,一步步按照公式进行递推,直到求出最后结果。

例如,有一对兔子,从出生后第 3 个月起每个月都生 1 对兔子,小兔子长到第 3 个月后每个月又生 1 对兔子,假如兔子都不死,问每个月的兔子总数为多少?

程序分析:第 1 个月只有 1 对兔子;第 2 个月也只有 1 对兔子;第 3 个月开始产 1 对小兔,共 2 对;第 4 个月又产 1 对兔子,共 3 对;第 5 个月时,最开始产的小兔长大了,也可以开始产子,所以产子 2 对,共 5 对;第 6 个月时产子 3 对,共 8 对;第 7 个月时产子 5 对,共 13 对……分析兔子的增长规律会发现,从第 3 个月开始,兔子的数量总为前两个月兔子数量之和,找到了递推关系就很容易设计出程序。

```
int f1,f2,f3,i;
f1 = f2 = 1;                    //前两个月兔子数量均为 1 对
for(i = 3;i <= 10;i++)         //推导第 3～10 月兔子数量
{
    f3 = f1 + f2;              //每个月兔子数量等于前两个月兔子数量之和
    f1 = f2;                   //调整前两个月的兔子数量,为推导下个月兔子数量做准备
    f2 = f3;
    printf("第 %d 月有兔子 %d 对\n",i,f3);
}
```

4. 穷举法。

有时对某些问题的求解找不出解决问题的更好途径(即从数学上找不到求解的规律或公式),可以考虑使用最“笨”的方法,即将所有可能的情况列举出来,然后通过逐个验证是否符合整个问题的求解要求,而得到问题的解。

穷举法简单,但往往运算量巨大(因为要列举出所有情况),而计算机的最大优势就是运算速度快,可以轻松胜任这类问题的求解。

例如,有一道中国古题:100 个人搬 100 块砖,女人搬 2 块砖,男人搬 3 块砖,两个小孩搬 1 块砖,问需要多少男人、女人和小孩。

设男人有 i 人,女人有 j 人,小孩有 k 人,不难列出如下方程:

$$\begin{cases} i+j+k=100 \\ 3i+2j+0.5k=100 \end{cases}$$

很显然这是一个三元一次方程的求解问题,但是根据题意只能列出两个方程,所以无法用解析方法求解。对于这样的问题,我们可以穷举男人、女人和小孩可能的数量,同时将两个方程作为限定条件,判断其是否满足,若满足则找到问题的解。

```
for(i = 0;i <= 100;i++)
    for(j = 0;j < = 100;j++)
        for(k = 0;k <= 100;k++)
            if((i + j + k == 100)&&(3 * i + 2 * j + 0.5 * k == 100))  //这里外层的括号一定要加
                printf("男人%d人,女人%d人,小孩%d人",i,j,k);
```

以上循环中,循环体要执行 $100\times100\times100$ 次,而且很多种情况是不可能出现的,所以可以进行如下优化:

```
for(i = 0;i <= 33;i++)              //男人不可能超过33人
    for(j = 0;j <= 50;j++)         //女人不可能超过50人
        for(k = 0;k <= 100;k++)
            if((i + j + k == 100)&&(3 * i + 2 * j + 0.5 * k == 100))
                printf("男人%d人,女人%d人,小孩%d人",i,j,k);
```

当外循环中决定了男人的人数后,女人的人数还可以进一步缩小范围。

```
for(i = 0;i <= 33;i++)
for(j = 0;j <= (100 - 3 * i)/2;j++)     //减去男人搬的砖数后女人的人数不可能超过(100 - 3 * i)/2
for(k = 0;k <= 100;k++)
if((i + j + k == 100)&&(3 * i + 2 * j + 0.5 * k == 100))
            printf("男人%d人,女人%d人,小孩%d人",i,j,k);
```

实际上,当男人的人数和女人的人数决定后,小孩的人数也就定了,因此程序进一步修改如下:

```
for(i = 0;i <= 33;i++)
    for(j = 0;j <= (100 - 3 * i)/2;j++)
        if(3 * i + 2 * j + 0.5 * (100 - i - j) == 100)
            printf("男人%d人,女人%d人,小孩%d人",i,j,100 - i - j);
```

5. 素数问题。

给定一个整数 x,判断它是否为素数(只能被 1 和自身整除的数)。

根据定义,用 $2\sim x-1$ 中的每个数除 x,只要这些数中有一个数能整除 x 便可确定 x 不是素数,当 $2\sim x-1$ 中的每一个数都不能整除 x 时,x 是素数。

算法结构如下:

```
for(i = 2;i < x;i++)
    if(x % i == 0)break;
```

```
if(i<x)输出不是素数
else 不是素数
```

讨论:在上述循环中,退出循环有两个出口:一是 i < x 不成立而退出;另一个是 x%i==0 成立而退出。在这样的循环程序中,退出程序后都要判断是由于什么原因退出程序,从而分别采取不同的处理方式。

6. 输出图案。

例如,要求输出如下所示图案。

```
        *
       ***
      *****
     *******
    *********
```

这类图案都是用二重循环输出的,外循环控制输出一行,两个并列的内循环中,一个控制在前面输出空格,另一个控制输出若干"*"。

这类问题的重点是要找出输出规律,只有掌握了规律才能用程序循环控制,本例的重点是导出每行输出的空格数与"*"个数之间的关系(假设把图形输出到屏幕正中,在字符模式下,显示器每行可以输出 80 个英文字母)。

图形	行	行前空格数	* 的个数
*	1	39	1
***	2	38	3
*****	3	37	5
*******	4	36	7
*********	5	35	9
总结	i	40 - i	2 * i - 1

这样就很容易写出程序的主要部分:

```
#define N 7
…
for(i=1;i<=N;i++)
{for(j=1;j<40-i;j++) printf("%c",' ');
printf("\n");
for(j=1;j<2*i-1;j++)   printf("%c",'*');}
```

这个程序中,外循环变量 i 的取值决定了其内部两个函数的循环次数,多重循环中经常有这样的情况。另外,两个内循环之间是并列关系,因此可以用同一个循环变量 j。

7. 逻辑推理问题。

例如,两支乒乓球队各派 3 人参加对抗赛,设甲队为 A、B、C,乙队为 X、Y、Z,已抽签决定了比赛对手,已知 A 说他不与 X 比赛,C 说他不与 X、Z 比赛,请输出 3 对选手的对阵名单。

本题目较简单,用人工分析不难得出结论,但用程序求解,且求解较复杂的题目时则有些困难。程序求解时可以采用多重循环列举所有对阵组合,再选出符合要求的组合。

```
for(A = 'X';A <= 'Z';A++)
    for(B = 'X';B <= 'Z';B++)
        if(A!== B)
            for(C = 'X';C <= 'Z';C++)
                if(A!= C&&B!= C)
                    if(A!= 'X'&&C!= 'X'&&C!= 'Z')
                        printf("A-- %c,B-- %c,C-- %c",A,B,C);
```

5.4 设计题

1. 在屏幕上打印出 1000 以内的素数,每行打印 10 个,并统计个数。

2. 输出以下图形,要求层数可变。

```
        *
       ***
      *****
     *******
      *****
       ***
        *
```

3. 编程把下列数列延长到第 50 项:1、2、5、10、21、42、85、170、341、682……屏幕输出时要求格式对齐。

提示:奇数项=前一偶数项×2+1,偶数项=前一奇数项×2。

4. 输入一行字符,分别统计出其中英文字母、空格、数字和其他字符的个数。

5. 求 S_n=a+aa+aaa+…+aa…aaa(n 个 a)的值,其中 a 是一个数字。例如:2+22+222+2222+22222(n=5),n 由键盘输入。

6. 猴子第一天摘下若干桃子,当即吃了一半,还不过瘾,又多吃了一个。第二天早上又将剩下的桃子吃掉了一半,又多吃了一个。以后每天早上都吃了前一天剩下的一半加一个。到第 10 天早上想再吃时,只剩下一个桃子了。求第一天共摘了多少个桃子。

7. 从键盘上输入 a,用迭代法求 $x = \sqrt{a}$。求平方根的迭代公式为:

$$x_{n+1} = \frac{1}{2}\left(x_n + \frac{a}{x_n}\right)$$

要求前后两次求出的两个值之差的绝对值少于 0.000 01。

8. 求解 1000 以内的完数。如果一个数恰好等于它的所有因子(包括 1 但不包括自身)之和,则这个数为完数。例如 6 的因子为 1、2、3,且 1+2+3=6,因此 6 是一个完数。

计算并输出 1000 以内的所有完数之和,输出形式为:

完数 1+完数 2+……=和值

9. 编写程序,利用公式 $e \approx 1 + \frac{1}{1!} + \frac{1}{2!} + \frac{1}{3!} + \cdots + \frac{1}{n!}$ 求 e 的近似值,精确到小数点后 6 位。

10. 编程求 1～n 中能被 3 或 7 整除的数之和。分别用 for 循环语句和 while 循环语句完成。

第6章 | 数 组

6.1 实验目的

1. 掌握一维数组与二维数组的定义、初始化及输入输出方法。
2. 练习并掌握字符数组的处理方法。
3. 理解字符串的概念并掌握常用字符串处理函数。
4. 掌握与数组有关的算法(特别是排序与查找算法)。

6.2 课程内容与语法要点

1. 数组的定义与初始化。

1) 一维数组的定义与初始化。

一维数组:只有一个下标的数组。

定义形式:

```
类型 数组名 [数组长度];
int a[10];    / * 定义一个整型,长度为 10 的数组 * /
```

类型:说明数组元素的数据类型,数组中的数据元素类型必须是相同的。

数组名:定义的数组名字。

数组长度:即数组中元素的个数,用方括号括起来。

说明:

(1) 数组名的命名规则与变量名相同。

(2) 数组长度是一个常量表达式,它描述数组中元素的个数,因此该常量表达式只能是整型常量,不可以是变量。所以,数组一旦定义,长度就固定不变。

数组初始化是在声明数组时,给数组各元素赋初值。以整型数组为例:

```
int   a[10] = {1,2,3,4,5,6,7,8,9,10};
```

例如:

```
int   b[10] = {1,2,3,4,5};
```

初始化数组前 5 个元素,未初始化的元素自动取 0 值。

```
int   c[10] = {0};
```

全部 10 个元素初始化为 0。

```
int   d[ ] = {1,2,3,4,5,6,7};
```

数组长度自动取为初始化元素的个数。

2)二维数组的定义与初始化。

二维数组:具有两个下标的数组。一个表示元素所在的行位置,称为行下标。一个表示元素所在的列位置,称为列下标。

定义形式:

```
类型 数组名[行长度][列长度];
```

例如:

```
int a[2][4];
```

二维数组有两个下标,因此对应两个长度,一个为行长度,一个为列长度,所以二维数组中的元素个数=行长度×列长度。

以整型数组为例,介绍二维数组初始化:

```
int a[5][4] = {{1,2,3,4},{5,6,7,8},{9,10,11,12},{13,14,15,16},{17,18,19,20}};
int b[5][4] = {1,2,3,4,5,6,7,8,9,10,11,12,13,14,15,16,17,18,19,20};
int c[ ][4] = {1,2,3,4,5,6,7,8,9,10,11,12,13,14,15,16,17,18,19,20};
```

以上 3 种方式的初始化效果相同。

```
int d[5][4] = {{1,2},{5},{9,10,11},{13,14,15,16}};
```

不完全初始化,未初始化部分自动取 0 值。

无论在什么情况下,访问数组元素时,数组下标都不能超界。

2. 数组的输入与输出。

数组是多个元素的集合,使用数组时,只能逐个使用数组中的各元素,所以数组的输入输出都要用循环来完成。

1)一维数组。

定义:int   a[N],i;

输入:for (i = 0; i < N ; i++) scanf(" % d",&a[i]);

输出:for (i = 0; i < N ; i++) printf(" % d",&a[i]);

2)二维数组。

定义:int   a[M][N], i, j;

输入：

```
for (i = 0; i < M ; i++)
    for (j = 0; j < N ; j++) scanf(" % d",&a[i][j]);
```

输出：

```
for (i = 0; i < M ; i++)
{ for (j = 0; j < N ; j++) printf(" % d",&a[i][j]);
    printf("\n");
    }
```

6.3 实验内容

1. 顺序查找。

顺序查找指给定若干数据，存于数组中，查找这些数据中是否存在指定的数据。

算法设计如下：

（1）定义一个一维数组存放待查的一组数据。

（2）定义一个变量存放给定的查找关键字。

（3）用查找关键字和数组中的元素逐个比较直到某次比较相等，则查找成功，输出当前位置，即下标。

（4）循环结束时如果都没有出现相等，则查找失败。

```
#define N 12
int data[N] = {2,5,4, - 1,6, - 9,100,74,88,23,6,15}, i,x ,flag = 1;
  scanf(" % d", &x);
for ( i = 0; i < N;   i++)
  if (data[i] == x) {printf(" % d是第 % 个数\n",x,i);   flag = 0 ;break; }
  if (flag == 1)
   printf("没有找到数据 % d\n",x);
```

2. 冒泡排序。

冒泡排序指将数组中存放的 N 个数据升序排序。

算法设计如下：

（1）定义一个一维数组存放需要排序的数据序列。

（2）反复扫描待排序记录序列，在扫描过程中顺次比较相邻的两个元素的大小，若逆序就交换位置。具体排序描述过程如下，变量 N 用来描述需要描述的数据个数。

① 第 1 趟排序时，从第一个数据开始，扫描整个待排序数据序列，若相邻的两个数据逆序就交换位置，最大数据必然位于最后。

② 第 2 趟排序时，对前 N−1 个数据进行同样的操作，次大的数据位于 N−1 的位置上。

③ 第 3 趟排序时，对前 N−2 个数据进行同样的操作，第 3 大的数据位于 N−2 的位置上。

④ 如此反复,每一趟排序都将一个数据排到位,直到剩下最后一个最小的数据。

(3) 输出排序后的数组。

程序提示:输入 N 个整数存放到数组 a 中,输出 N 个数。

```
for(i = 0;  i < N-1 ;i++)
   for (j = 1 ; j < N-i;  j++)
    if  (a[j-1] > a[j]){
        交换 a[j-1] 与 a[j]
     }
```

冒泡排序的思想是对整个数组中的数据进行多趟扫描,每趟扫描时两两比较相邻的两个元素,如果不是要求的次序则交换,每趟扫描决定出未排序数据中的最大值,最多 N 次扫描就可以完成排序。

3. 选择排序。

用选择法对 N 个整数排序。N 个整数用 scanf 函数输入。

算法设计如下:

(1) 给定一个数组 a,其长度为 N;

(2) 第一次从 a[0] 到 a[N-1] 中选取一个最值(按照需求,可以是最大值,可以是最小值,下同)与 a[0] 进行交换;

(3) 第二次从 a[1] 到 a[N-1] 中选取一个最值与 a[1] 进行交换;

(4) 以此类推,直到从 a[N-2] 到 a[N-1] 中选出最值交换后即完成排序(只剩下一个元素,前面的都是比它小(或者大)的)。

程序提示:输入 N 个整数存放到数组 a 的 a[1] 到 a[N] 中,输出 N 个数。

```
for(i = 1;i < N;i++)
   {
       min = i;
       for(j = i + 1;j <= N;j++)
           if(a[min] > a[j]) min = j;
       交换 a[i] 与 a[min]
   }
```

输出排序后的 N 个数。

4. 折半查找。

有 15 个数存放在一个数组中,输入一个数要求用折半查找法找出该数是数组中的第几个元素的值,如果该数不在数组中,则输出无此数,要找的数用 scanf 函数输入。

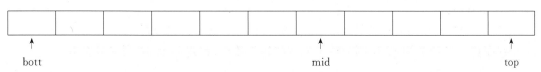

折半查找要求被查找的数据必须是连续有序的。折半法又被称为二分法,由于被查找表有序,因此,先将关键字与中间元素进行比较,若相等,则查找成功;若比中间元素小,则查找对象只能出现在前半部,继续折半查找前半部;否则,继续查找后半部。

算法设计如下：

(1) 定义一个一维数组 a 存放待查的一组数据,定义一个变量 number 存放给定的查找关键字。

(2) 设置 3 个位置指示器 bott、top 和 mid,bott 指向当前查找区间的最小下标,top 指向当前查找区间的最大下标,mid＝(bott＋top)/2。

(3) 用查找关键字和中间位置 mid 上的元素值 a[mid]比较,如果相等,则查找成功;如果不相等,修改查找区间,新的查找区间为上一次查找区间的一半。

① 如果 number＜a[mid],则修改 top,top＝mid−1。

② 如果 number＞a[mid],则修改 bott,bott＝mid+1。

③ 修改了 bott 或 top 之后,需要再次计算 mid＝(bott＋top)/2,得到新的 mid。

(4) 重复第 3 步直到查找成功或失败。

可见,折半查找每次查找时,可以将查找区间缩小一半,折半查找因此而得名。折半查找的查找速度比顺序查找快。

程序提示：用循环语句输入 15 个数,调用排序算法对其进行排序。

```
while(flag)
    {
        //输入要查找的数
        loca = 0;
        top = 0;
        bott = N − 1;
        if(number < a[0]||number > a[N−1]) loca = −1;
        while(sign == 1&&top <= bott&&loca >= 0)
        {
            mid = (bott + top)/2;
            if(number == a[mid])
                {loca = mid;
                 printf("找到了,数 %d 在数组的第 %d 位,\n",number,loca + 1);
                 sign = 0;}
            else if(number < a[mid])    bott = mid − 1;
                else top = mid + 1;
        }
        if(sign == 1||loca == −1) printf("\n 查无此数\n");
        printf("\n 是否继续查找?(Y/N)");
        scanf(" %c",&c);getchar();
        printf("\n");
        if(c == 'N'||c == 'n') flag = 0;
    }
```

5. 矩阵转置。

将一个 M 行 N 列的矩阵转置后,存放在一个 N 行 M 列的矩形阵中。

程序提示：创建 M 行 N 列的数组 a 并初始化数据,创建 N 行 M 列的数组 b。

```
for(i = 0; i < M; i++)
  for (j = 0; j < N;   j++)
    b[j][i] = a[i][j];
```

输出矩阵 b。

6. 找出一个二维数组的"鞍点",即该位置上的元素在该行上最大,在该列上最小;也可能没有鞍点。至少准备两组测试数据。

(1) 二维数组有鞍点。

9	80	205	40
90	−60	96	1
210	−3	101	89

(2) 二维数组没有鞍点。

9	8	205	40
90	−60	96	1
210	−3	101	89
45	54	156	7

用 scanf 函数从键盘输入数组的各元素的值,检查结果是否正确。题目未指定二维数组的行数和列数,程序应能处理任意行数和列数的数组。

程序提示:

```
//输入矩阵

flag2 = 0;                         //矩阵中无鞍点
for(i = 0;i < n;i++)               //找第 i 行的鞍点
{
  max = a[i][0];maxj = 0;
  //用 for 循环语句找第 i 行的最大值存放在 max 中,其下标 j 保存到 maxj 中
  for(k = 0,flag1 = 1;k < n&&flag1;k++)   //判断 max 是否在该列上最小,flag1 = 0 则不是最小
      if(max > a[k][maxj]) flag1 = 0;     //max 不是该列的最小元素
  if(flag1)
  {
      printf("\n第 %d 行第 %d 列的 %d 是鞍点\n",i + 1,maxj + 1,max);
      flag2 = 1;
  }
}
if(!flag2) printf("\n矩阵中无鞍点\n");
```

6.4 设计题

1. 将一维数组中的数据在原数组中转置存放。

2. 设计程序统计字符串中值为 x 的字符个数,其中 x 从键盘输入。

3. 创建 3 个 M 行 N 列的数组,将其中两个数组相加,存入第 3 个数组中。

4. 创建一个 M 行 N 列的数组、一个 N 行 M 列的数组并初始化数据,将它们相乘,结果存于 M 行 M 列的数组中。

5. 用二维数组存放若干字符串,排序后输出。

6. 用筛选法求 100 以内的素数。筛选法求素数的基本思路是：判断 100 以内的每一个数,逐个找出非素数并把它去除,使得最后剩下的全是素数。

具体算法：

1）去掉 1。

2）用 2,3,4,…,100 作为除数,去除该数以后所有的数,把该数的倍数标注为 0,表示该数已从数组中去除。

3）循环结束,数组中不为 0 的数即为 100 以内的素数。

7. 任意输入 10 个整数,用选择排序法对它们按从小到大的顺序排序。

8. 打印出以下杨辉三角形(行数从键盘上输入,下面是输入为 6 时的输出)。

```
            1
          1   1
        1   2   1
      1   3   3   1
    1   4   6   4   1
  1   5   10   10   5   1
```

9. 已知一个整型数据定义如下：

```
int num[10] = {2, 4, 6, 8, 10, 12, 14, 16, 18, 20};
```

计算出数组中所有奇数下标的数组元素之和。

10. 在一个 15 个单元的数组中用初始化方式放入按从小到大的顺序存放的 15 个数,任意输入一个数,要求用折半查找法找出该数组中第几个元素的值。如果该数不在数组中,则打印出“没有这个数”。

11. 打印“魔方阵”。所谓魔方阵是指这样的方阵：它的每一行、每一列和对角线之和均相等。例如,三阶魔方阵为

```
  8   1   6
  3   5   7
  4   9   2
```

要求打印出由 $1 \sim n^2$ 的自然数构成的魔方阵(只要求 n 为奇数的情形)。

德拉鲁布(De laloubere)算法可以生成任意大于 1 的奇数阶的幻方。算法如下：当 $n(n>1)$ 是奇数时,只需按以下步骤填写,即可得到一个 n 阶幻方。

1）画一个 $n*n$ 方格表；

2）把 1 填写在最顶行的中间；

3）依次填写 2,3,…,n。当 k 填好后,若 k 的右上方空,则把 $k+1$ 填在此格,否则,把 $k+1$ 填在 k 的下方(注意：这里把最左列视作在最右列的右方,把最底行视作在最顶行的上方)。

第7章   函   数

7.1   实验目的

1. 掌握函数定义的方法。
2. 掌握函数实参及形参的对应关系以及"值传递"方式。
3. 熟悉函数的嵌套调用和递归调用的方法。
4. 熟悉全局变量和局部变量,动态变量、静态变量的概念和使用方法。

7.2   课程内容与语法要点

函数程序设计分为两方面:一是函数的定义;二是函数的调用。

1. 函数的定义。

函数定义通常由函数首部和函数体两部分组成,如下所示:

```
函数类型 函数名(形参列表 )
{
    变量说明
    语句
    return 语句
}
```

函数首部主要由 3 部分构成。

(1) 函数类型:指函数返回值的类型。如果函数无返回值,则定义为 void 类型。

(2) 函数名:其命名规则与变量名的命名规则相同。

(3) 形参:指主调函数传入被调用函数的参数,定义时指明类型,形参与形参之间用逗号隔开。具体格式为:

```
(形参1类型 形参1名,形参2类型 形参2名,…,形参 n 类型 形参 n 名)
```

根据实际情况,函数定义时可以没有形参,但是括号不能省略,没有参数的函数称为无参函数,反之称为有参函数。

函数体主要由 3 部分构成。

(1) 变量说明:定义函数内部需要的变量。

（2）语句：实现函数功能。

（3）return 语句：将返回值送回主调函数，返回值的类型必须与函数类型一致，如果不一致，则以函数类型为准。

函数返回值可以是任何类型，非 void 返回值要求函数体中的每条程序路径上都必须用 return 返回结果。

```
int comp(int x   ,int   y)
{
   if (x > y) return 1;
   else
   if (x < y) return −1;
}
```

上面这个函数就没有在函数的每条执行路径上用 return 返回结果，因为当 x 等于 y 时，程序就不会执行 return 语句。

返回值为 void 的函数，可以用不带值的 return 返回，或函数执行完代码后自动返回。

2. 函数的调用。

只有调用函数，定义的函数的代码才会被执行，从而得到结果。用函数名调用函数，并给出函数的实参，对应地传递给函数的形参。函数调用表达式就是函数调用的结果，这个结果在程序中可以作为在函数定义中的返回值类型的一个数据去参加运算、赋值或直接输出。

函数调用的一般形式：

```
函数名(实参列表);
```

函数调用有如下 3 种形式。

（1）以单独的一条语句被调用。对于没有返回值的函数，其功能是实现一系列操作，这样的函数调用时往往以一条独立的语句出现。例如：

```
printstar();
```

（2）作为表达式的一部分被调用。以这种方式调用的函数必须要有返回值。例如：

```
sum = 2 * max(a,b);
```

（3）作为函数的参数被调用。例如：

```
m = max(a, max(b, c));
```

函数应该先定义后调用。如果函数的调用出现在定义之前，那么应该在调用之前加上函数的引用性声明（也称为原型声明），函数的原型声明中只声明函数的名称、形参表和返回值类型，没有函数体，如下所示：

```
int comp(int x,   int y);  //也可以写成 int comp(int , int);
void main()
{   int a,b;
```

```
    scanf("%d%d",&a,&b);
    printf("%d",comp)
}
int comp(int x, int y)
{   if (x > y)
        return 1;
    else
        if(x < y)
            return -1;
        else
            return 0;
}
```

写函数程序时,一定要分清函数的定义、函数的调用和函数的引用性声明 3 部分的区别。

以下是初学者常见的错误:

```
int  a = 10, b = 11,c;
c = comp(int a,  int b);
```

此例中,用函数名调用函数时,给出函数的实参即可,参数前不能再加类型说明。

7.3　实验内容

1. 写出一个判别素数的函数,在主函数输入一个整数,输出是否是素数的信息。本程序应准备以下测试数据:17,34,2,1,0。分别输入数据,运行程序并检查结果是否正确。

程序提示: 求素数函数如下。

```
int prime(int n)
{if n < 2  return 0
    for(i = 2;i < n/2;i++)
        if  n能被 i整除 return 0;
    return 1;
}
```

main 函数中输入一个整数赋给变量 n,通过 prime(n)判断其是否是素数,若函数值为 1 则是素数,否则不是素数。

2. 用一个函数来实现将一行字符串中最长的单词输出。此行字符从主函数传递给该函数。

程序提示:

寻找最长单词的起始位置函数。

```
int longest(char string[])
//n 为字符串的长度,len 为每个单词的长度
//length 为最长单词的长度,point 为最长单词的起始位置
```

```
//函数返回最长单词的起始位置
{
    int len = 0, i, n, length = 0, flag = , place = 0, point;
    n = strlen(string);
    for(i = 0; i <= n; i++)
        if string[i]为英文字母
            if(flag) {point = i; flag = 0;}
            else len++;
        else
        {
            flag = 1;
            if(len >= length)
            {
                length = len;
                place = point;
                len = 0;
            }
        }
    return place;
}
```

在 main 函数中输入一行字符，然后调用上面的函数取得最长字符的开始位置，从该位置开始输入数组元素，直到输出的数组元素不是英文字母时止。

3. 用递归法将一个整数 n 转换为字符串。例如输入 483，应输出字符串"483"。n 的位数不确定，可以是任意的整数。

程序提示：

```
void convert(int n)
{
    int i;
    if((i = n/10) != 0)
        convert(i);
    putchar(n % 10 + '0');
}
```

在 main 函数中输入一个整数，然后先输出该该的符号，然后调用函数 convert(n)。

4. 求两个整数的最大公约数和最小公倍数。用一个函数求最大公约数，用另一个函数根据求出的最大公约数求最小公倍数。

程序提示：使用下面的函数求最大公因数，其中 v 为最大公因数，若将 v 设为外部变量，则可不使用 return 语句。

```
int hcf(int u, int v)              //求最大公因数
{
    int t, r;
    if(v > u) {t = u; u = v; v = t;}
    while((r = u % v) != 0)        //余数 r 不为 0 时继续做辗转相除法
```

```
{u = v;v = r;}
    return(v);
}
```

5. 编写一个函数,输入一个十六进制数,输出相应的十进制数。

程序提示:输入时将十六进制数作为一个字符串输入,然后将其每一个字符转换为十进制数并累加。

转换方法如下:

```
if(s[i]>'0'&&s[i]< = '9')
    n = n * 16 + s[i] − '0';
if(s[i]> = 'a'&&s[i]< = 'f')
    n = n * 16 + s[i] − 'a' + 10;
if(s[i]> = 'A'&&s[i]< = 'F')
    n = n * 16 + s[i] − 'A' + 10;
```

7.4 设计题

1. 编写一个判断素数的函数,在主函数中调用这个函数,输入一个整数 n,输出 $1\sim n$ 的全部素数。

2. 编写一个函数,使给定的一个二维数组(3×3)转置,即各行与各列互换。

3. 编写一个函数,将两个字符串中的元音字母(a、e、i、o 和 u)与其他字母分开成两个字符串,然后在主程序中输出。

4. 编写一个函数,输入一行字符,将此字符串中最长的单词输出。

5. 编写一个函数用冒泡法对输入的字符按由小到大的顺序排列。

6. 用递归方法求 n 阶勒让德多项式的值。递归公式为:

$$p_n(x)=\begin{cases}1(n=0)\\x(n=1)\\((2n-1)x-p_{n-1}(x)-(n-1)p_{n-2}(x))/n(n\geqslant1)\end{cases}$$

7. 输入 10 个学生 5 门课的成绩,分别用函数求:①每个学生平均分;②每门课的平均分;③找出最高分所对应的学生和课程;④求平均分方差:$\sigma=\dfrac{1}{n}\sum x_i^2-\left(\dfrac{\sum x_i}{n}\right)^2$,$x_i$ 为一学生的平均分。在主程序中调用这些函数并输出结果。

8. 编写函数实现:①输入职工的姓名和职工号;②按职工号由小到大的顺序排序,姓名顺序也随之调整;③要求输入一个职工号,用折半查找法找出该职工的姓名,从主函数中输入要查找的职工号,并输出该职工姓名。

第8章 编译预处理

8.1 实验目的

1. 正确使用宏与文件包含。
2. 理解宏的含义及宏替换。
3. 掌握无参宏定义与有参宏定义的使用。

8.2 课程内容与语法要点

预处理指令是以"♯"开头的代码行。"♯"必须是该行除了任何空白字符外的第一个字符。"♯"后是指令关键字,在关键字和"♯"之间允许存在任意个空白字符。整行语句构成一条预处理指令。

预处理指令将在编译器进行编译之前对源代码做某些转换。主要的预处理指令有3种:文件包含、宏定义和条件编译指令。

预处理不是语句,所以预处理结束后不加分号。

1. 文件包含。

文件包含是指一个源文件可以将另一个源文件的全部内容包含进来,即将另外的文件包含在本文件中。C语言提供了♯include预处理指令,来实现文件的包含操作。

♯include预处理指令的作用是在指令处展开被包含的文件。文件包含的作用是给出程序中用到的一些函数、常量的说明,以便编译器对程序进行语法检查。

例如,在程序中用到的scanf和printf函数,这两个函数是在stdio.h头文件中声明的,所以要在程序中使用它们之前用

```
# include < stdio. h >
```

包含这个头文件。同理,程序中用到一些数学函数fabs、sqrt时,就必须用

```
# include < math. h >
```

程序中需要用到的函数的函数体是在连接时由指定的lib库文件提供的。
其中:

(1) 一个include指令只能指定一个被包含文件。如果要包含多个文件,就要用多个

include 指令。

（2）包含可以是多重的，也就是说一个被包含的文件中还可以包含其他文件，即文件包含可以嵌套。

（3）在程序中包含头文件有两种格式：

```
# include< my. h>
# include"my. h"
```

第一种格式是用尖括号把头文件括起来。这种格式告诉预处理程序在编译器自带的或外部库的头文件中搜索被包含的头文件。用"< >"引出的头文件都应在这些文件夹中找到，这些文件夹是可以改变的。

第二种格式是用双引号把头文件括起来。这种格式告诉预处理程序在当前被编译的应用程序的源代码文件中搜索被包含的头文件，如果找不到，再搜索编译器自带的头文件。

2. 宏定义。

宏定义一个代表特定内容的标识符。预处理过程会把源代码中出现的宏标识符替换为宏定义的值。

1）简单♯define 指令。

宏最常见的用法是定义代表某个值的全局符号，也就是定义符号常量。它的一般形式为：

```
♯define  标识符  字符串
```

这种方法使用户能以一个简单的名字代替一个长的字符串，♯define 是宏定义指令。
其中：

（1）宏名一般习惯用大写字母表示，以便与变量名相区别。

（2）使用宏名代替一个字符串，可以减少程序中重复书写某些字符串的工作量。当需要改变某一个常量时，可以只改变♯define 命令行，一改全改。

（3）宏定义是用宏名代替一个字符串，做简单的置换，不进行语法检查。

（4）宏定义并不是 C 语句，不能在语句末尾加分号。

假设在一个程序中需要用 20 次圆周率，在程序中需要用到圆周率的地方可以直接用常量 3.14，但当需要把圆周率改成 3.14159 时，则必须对程序中的 20 处圆周率一一改正，工作量较大。使用宏就不一样了，在程序中首先定义宏：

```
♯define  PI  3.14
```

在程序中需要用到圆周率的 20 个位置用符号 PI 表示，如果圆周率要求设为 3.14159，则只需要改动宏：

```
♯define  PI  3.14159
```

这样，整个程序中的圆周率随之改变。
又如：

```
#define MAX_NUM 10
int array[MAX_NUM];
for(i = 0; i < MAX_NUM; i++)
```

在这个例子中,对于阅读该程序的人来说,符号 MAX_NUM 就有特定的含义,它代表的值给出了数组所能容纳的最大元素数目。程序中可以多次使用这个值。作为一种约定,习惯上总是全部用大写字母来定义宏,这样易于把程序中宏标识符和一般变量标识符区别开来。如果想要改变数组的大小,只需要更改宏定义并重新编译程序即可。

宏表示的值可以是一个常量表达式,其中允许包括前面已经定义的宏标识符。例如:

```
#define ONE 1
#define TWO 2
#define THREE (ONE + TWO)
```

注意,上面的宏定义使用了括号。尽管它们并不是必需的。但出于谨慎考虑,还是应该加上括号。例如:

```
six = THREE * TWO;
```

预处理过程把上面的一行代码转换为

```
six = (ONE + TWO) * TWO;
```

如果没有那个括号,就转换为

```
six = ONE + TWO * TWO;
```

宏还可以代表一个字符串常量,例如:

```
#define VERSION "Version 1.0 Copyright(c) 2003"
```

2)带参数的 #define 指令。

带参数的宏从功能上类似于函数,这样的宏可以像函数一样被调用,但它是在调用语句处展开宏,并用调用时的实参来代替定义中的形参。其一般形式为

```
#define   标识符(参数表)  字符串
```

字符串中包含在括号内指定的参数,例如:

```
#define Cube(x)    (x) * (x) * (x)
```

可以用任何数字、表达式甚至函数调用来代替参数 x。这里注意括号的使用。宏展开后完全包含在一对括号中,而且参数也包含在括号中,这样就保证了宏和参数的完整性。

是否可以不加括号呢? 如果定义:

```
#define Cube(x)    x * x * x
```

用两种方式使用宏:

```
int volume = Cube(3);
```

结果 volume 值为 27。
如果按如下方式调用呢?

```
int volume = Cube(1 + 2);
```

结果 volume 值为 7,因为在宏展开时,宏体中的 x 被 1+2 代替,x * x * x 被展开为

```
1 + 2 * 1 + 2 * 1 + 2
```

所以宏应该定义为

```
#define Cube(x) (x) * (x) * (x)
```

这样,调用 Cube(1+2)才能被展开为(1+2) * (1+2) * (1+2)。
所以,宏的作用应该理解为"展开",而不是像函数那样的"调用"。因为宏是用来对宏体的内容进行展开然后再编译,所以宏的不正确使用可能会产生语法上的错误。如对前面所定义的宏的调用:

```
Cube(a > b ? a: b)
```

就会产生语法错误。

3. 条件编译指令。

一般情况下源程序中的所有行都参加编译,但有些特殊情况可能需要根据不同的条件编译源程序中不同的部分。也就是说,对源程序的一部分内容给出一定的编译条件。这种方式称为条件编译。

条件编译指令将决定哪些代码被编译,哪些代码不被编译。可以根据表达式的值或者某个特定的宏是否被定义来确定编译条件。

1) #if 指令。

#if 指令检测跟在关键字后的常量表达式。如果表达式为真,则编译后面的代码,直到出现#else、#elif 或#endif 为止;否则就不编译。

2) #endif 指令。

#endif 用于终止#if 预处理指令。

```
#define DEBUG 0
int main()
{
    #if DEBUG
```

```
    printf("Debugging\n");
    #endif
    printf("Running\n");
    return 0;
}
```

由于程序中定义 DEBUG 宏代表 0，因此 #if 条件为假，不编译后面的代码，直到 #endif，所以程序直接输出 Running。如果去掉 #define 语句，效果是一样的。

3）#ifdef 和 #ifndef 指令。

```
#define DEBUG
int main()
{
    #ifdef DEBUG
    printf("yes\n");
    #endif
    #ifndef DEBUG
    printf("no\n");
    #endif
    return 0;
}
```

#if defined 等价于 #ifdef，#if !defined 等价于 #ifndef。

4）#else 指令。

#else 指令用于某个 #if 指令之后，当前面的 #if 指令的条件不为真时，就编译 #else 后面的代码。#endif 指令将中止上面的条件块。

```
#define DEBUG
int main()
{
    #ifdef DEBUG
        printf("Debugging\n");
    #else
        printf("Not debugging\n");
    #endif
    printf("Running\n");
    return 0;
}
```

要区别 #if…#else…#endif 与 if-else 语句，前者是预处理，它们决定程序中的哪些代码被编译，哪些代码不被编译，不被编译的代码不会存在于运行的程序中；后者是代码中的判断语句。

5）其他预处理指令。

#error 指令将使编译器显示一条错误信息，然后停止编译。

#line 指令可以改变编译器用来指出警告和错误信息的文件号和行号。

#pragma 指令没有正式的定义，编译器可以自定义其用途。典型的用法是禁止或允许某些不必要的警告信息，可以专门指明程序中需要用到的库文件。

1. 定义一个带参数的宏,使两个参数的值互换。在主函数中输入两个数作为使用宏的实参,输出已交换后的两个值。

程序提示:使用以下宏定义。

```
#define SWAP(a,b) t=b;b=a;a=t
```

调用格式:

```
SWAP(a,b);
```

2. 输入一行字母字符,根据需要设置条件,使之能将字母全更改为大写字母输出,或全更改为小写字母输出。

程序提示:根据要求添加条件编译#define CH 1。

主要代码如下:

```
#if CH
    if(c>='a'&&c<='z') c=c-32;
#else
    if(c>='A'&&c<='Z') c=c+32;
#endif
```

3. 设计输出实数的格式,包括:①一行输出一个实数;②一行内输出两个实数;③一行内输出 3 个实数。实数用%6.2f 格式输出。用一个文件 printf_format.h 包含以上用#define 命令定义的格式,编写一个程序,将 printf_format.h 包含到程序中,在程序中用 scanf 函数读入 3 个实数给 f1,f2,f3,然后用上面定义的 3 种格式分别输出 f1;f1,f2;f1,f2,f3。

程序提示:使用以下宏定义。

```
#define PR printf
#define NL "\n"
#define Fs "%f"
#define F "%6.2f"
#define F1 F NL
#define F2 F "\t" F NL
#define F3 F"\t" F"\t" F NL
```

然后再建立一个 C 程序,程序内容如下:

```
#include<stdio.h>
#include"p_f.h"
void main()
{
    float f1,f2,f3;
```

```
    PR("Input three floating numbers f1,f2,f3:\n");
    scanf(Fs,&f1);
    scanf(Fs,&f2);
    scanf(Fs,&f3);
    PR(NL);
    PR("Output one floating number each line:\n");
    PR(F1,f1);
    PR(F1,f2);
    PR(F1,f3);
    PR(NL);
    PR("Output two number each line:\n");
    PR(F2,f1,f2);
    PR(NL);
    PR("Output three number each line:\n");
    PR(F3,f1,f2,f3);
}
```

8.4 设计题

1. 输入两个整数,求它们相除的余数。用带参的宏来实现。

2. 给年份 year 定义一个宏,以判别该年份是否是闰年。提示:宏名可以定义为 LEAP_YEAR,形参为 y。即定义宏的形式为

```
#define LEAP_YEAR(y)    宏体
```

在程序中用以下语句输出结果:

```
if(LEAP_YEAR(year))printf("%d is a leap year",year);
else printf("%d is not a leap year",year);
```

3. 设计输出实数的格式,包括:①一行输出一个实数;②一行内输出两个实数;③一行内输出 3 个实数。实数用"6.2f"格式输出。

4. 定义一个带参的宏 swap(x,y),以实现两个整数之间的交换,并利用它交换一维数组 a 和 b 的值。

5. 用条件编译方法实现以下功能:输入一行电报文字,可以任选两种方式输出,一种为原文输出,另一种为将字母变成其下一字母(如'a'变成'b','b'变成'c',…,'z'变成'a',其他字符不变)输出。另外用命令来控制是否要译成密码。例如:

```
#define CHANGE 1
```

则输出密码。若

```
#define CHANGE 0
```

则不译为密码,按原码输出。

第 9 章　　　指　　针

9.1　实验目的

1. 通过实验掌握指针的概念,以及指针变量的定义和使用。
2. 能正确使用数组的指针和指向数组的指针变量。
3. 能正确使用字符串的指针和指向字符串的指针变量。
4. 能正确使用指向函数的指针变量。
5. 了解指向指针的指针的概念及其使用方法。

9.2　课程内容与语法要点

指针是 C 语言中较难掌握的一个内容,因为它直接与计算机内存结构相关联,很容易造成非法操作使程序崩溃;指针指向的对象也各不相同,使用起来容易混乱。学习指针首先要理解指针的实质。

1. 指针。

指针变量简称指针,是一种复合的数据类型。这种变量中存放的是要访问数据的内存地址。这里有两层意思:数据是要进行计算的内容,如整型数据、浮点型数据等;数据的地址是数据存放在内存中的位置信息。

将数据放在内存中,有时会声明变量,有时也可能在内存中开辟存储空间而不声明变量。无论是哪种情况,数据存放在内存中,就一定是存放在处于某个地址的内存中,如果用一种变量将这个地址信息存放于变量中,这种变量就是指针。

图 9-1 中,x 是程序中创建的整型变量,在内存中占 4 字节,假设它在内存中被分配在 0x001fc4 这个地址上(实际上,它是一个随机值),p 是一个变量,其中存放着 x 变量在内存中的地址,那么 p 就是一个指针,指向 x。但在程序中关心的是 x 中的数据,对指针 p 而言,只关心它所指向的对象,而不关心它本身的值。

图 9-1　指针存储结构

在声明某个变量时,在变量名前加上"＊",该变量便不是存放数据的变量,而是指向变量的指针。

62

```
int * ptr1, * ptr2;
```

与指针相关的基本运算有如下两种。

（1）让指针指向一个变量空间，即 & 运算。

```
int x = 100, * ptr = &x;    //指针变量初始化
```

或

```
int x = 100, * ptr;
ptr = &x;                   //指针赋值
```

在输入函数如"scanf("%d",&x);"中的 & 正是对变量 x 取地址。

（2）取得一个指针指向的空间中的数据，即 * 运算。

```
int y;
y = * p;
```

注意：* 与 & 运算在 C 语言中都有多种功能，要考查运算符的操作数类型从而决定它是何种运算。

指针操作的难点是弄清运算的类型与作用，以避免混淆。如以下几种运算：

```
int  x = 10;
int * p = &x;        //正确
p = &x;              //正确
* p = &x;            //错误,左边是整型,右边是地址,类型不匹配
p = x;               //错误,左边是指针,右边是整数,类型不匹配
* p = x;             //正确
```

尤其容易使人迷惑的是：

```
int * p = &x;        //正确
* p = &x;            //错误
```

前句为变量的声明并初始化，其中的 * 仅说明 p 是指针，而在后句中，* p 中的 * 则是一种运算。

总结，若有如下声明：

```
int x, * p = &x;
```

从类型上考虑，x 与 * p 是同类型数据，为整型数据；p 是指针，& x 是地址，属同类型数据。

注意：只有变量才会在内存数据区分配空间，因而才存在地址，所以只有变量才能取地址，常量也是数据，但不能取地址。

```
p = &3;              //错误
```

当指针指向有效空间时,可以通过指针向该空间赋值.例如:

```
int x, * p = &x;
* p = 100;      //正确
```

而

```
int * p;
* p = 100;      //错误
```

虽然上面的语句没有编译错误,但在运行时会使系统崩溃,因为当 p 没有指向有效数据时,其指向不定,因此向它所指向的空间写入数据是非法操作。

2. 指针与数组。

指针常常与数组结合使用,当指针指向数组后,指针可以进行如下运算。

1) 指针的加减运算。

指针加整数 n,结果仍为指针,它指向指针当前所指数据后的第 n 个数据。

注意:不是指针本身加 n。

同理,指针减整数 n,结果仍为指针,它指向指针当前所指数据之前的第 n 个数据。

两个指针指向同一个数组时,它们之间可以做减法运算,结果为整数,它指明这两个指针所指数据之间数据的个数。

这时,$q-p$ 结果为 5(q 所指数据是 p 所指数据之后的第 5 个数据)。

注意:两个指针不能进行加运算。

2) 指针的关系运算。

理论上,6 种关系运算都可以运用到指针上,但只有"=="和"!="运算有意义。指针相等,说明两个指针指向的是同一个数据。

指针还可以当逻辑值使用,规则是 NULL 为假,非 NULL 为真。将指针置空的方法是:

```
int * p = NULL;      //初始化
p = NULL;            //赋值
```

3. 使用指针的原因。

在程序中,基于以下几个原因可能会用到指针。

（1）方便使用动态分配的数组。

前已说明，数组声明时，指明数组长度时只能用常量，但程序中可以动态创建空间，而且动态创建的空间也可以用数组的方式访问。

```
int x = 100, * p = (int *)malloc(sizeof(int ) * x);    //动态创建 100 个连续整数空间
```

这样，就可以将这些空间以数组的方式访问，如 p[50] 就是访问数组中下标为 50 的空间。

在语法上，指针与数组的访问方法是可以互换的。数组名就是一个指针常量，它指向数组中的最开始的那个数据。所以，在程序中，多见以下语句：

```
int   a[100] = {…};
int   p = a;
```

再通过指针访问数组。

（2）变相改变一个函数的值传递特性。

这是指针的传地址作用，将一个变量的地址作为参数传给函数，这样函数就可以修改那个变量了。

（3）节省函数调用代价。

可以将参数，尤其是数据量大的参数（例如结构、对象等），将它们的地址作为参数传给函数，这样可以省去编译器为它们制作副本所带来的空间和时间上的开销。

（4）创建链表结构。

4．本章出现的各种指针的声明。

以指针所指空间的数据为整数为例：

1）int   * p；

整数指针，它指向一个整数。

2）int   ** p；

二级指针，即指针的指针，指针 p 所指空间中存放着一个指针的地址，即（ * p）为一个整数空间的地址，*（ * p）才能存取一个整数。

3）int （ * p）[3]；

指向数组的地址，p 可以指向具有 3 个元素的一个整数数组。

4）int （ * f）（） 或（ * f）（形参表）

函数指针，f 能指向具有指定形参特征的函数。这时可以通过指针调用函数，但指针不可进行算术运算。

9.3   实验内容

以下程序要求使用指针处理。

1．指针。

1）输入 3 个整数，按由小到大的顺序输出。运行无错误后改为：输入 3 个字符串，按由

小到大的顺序输出。

程序提示：这是一个基本的指针语法问题，要分清指针、指针所指向的数据这两个不同的概念，熟悉指针的操作方法。

先排序，排序时使用以下函数交换两个整数：

```
void swap(int * p1.int * p2)
{
    int p;
    p = * p1;
    * p1 = * p2;
    * p2 = p;
}
```

调用格式为 swap(&a,&b)，可实现 a 与 b 的交换。
字符串的交换使用以下函数：

```
void swap(char * p1,char * p2)
{
    char p[80];
    strcpy(p,p1);strcpy(p1,p2);strcpy(p2,p);
}
```

main 函数结构如下：

```
int n1,n2,n3, * p1, * p2, * p3;
void swap(int * p1,int * p2);
输入 3 个整数或 3 个字符串
p1,p2,p3 分别指向这 3 个数或字符串
if(n1 > n2) swap(p1,p2);
if(n1 > n3) swap(p1,p3);
if(n2 > n3) swap(p2,p3);
输出这 3 个整数或字符串
```

2) 用指针操作二维数组。

将一个 3×3 的矩阵转置，用一个函数实现。

在主函数中用 scanf 函数输入以下矩阵元素：

```
1    3    5
7    9    11
13  15  17
```

将数组名作为函数参数，在执行函数的过程中实现矩阵转置，函数调用结束后在主函数中输出转置后的矩阵。

程序提示：使用下面函数实现矩阵转置。

```
void move(int * p)
{
```

```
    int i,j,t;
    for(i = 0;i < 3;i++)
        for(j = i;j < 3;j++)
        {
            t = * (p + 3 * i + j);
            * (p + 3 * i + j) = * (p + 3 * j + i);
            * (p + 3 * j + i) = t;
        }
}
```

注意：二维数组在内存中是按行连续存储的，所以 p＋3＊i＋j 指向的就是 a[i][j]。
main 函数结构如下：

```
int a[3][3], * p,i;
void move(int * p);
用 for 循环语句输入矩阵
p = &a[0][0];
move(p);
输出矩阵
```

3) 有 n 人围成一个圈，按顺序排号，从第一个人开始报数（从 1 到 3 报数），凡报到 3 的
人退出圈子，问最后留下的是原来的第几号。

程序提示：报数程序段如下。

```
for(i = 0;i < n;i++)
        * (p + i) = i + 1;
    i = 0;                          //i 为正在报数的人的编号
    k = 0;                          //k 为 1,2,3 计数时的计数变量
    m = 0;                          //m 为退出的人数
    while(m < n - 1)
    {
        if( * (p + i)!= 0)k++;
        if(k == 3)                  //对退出的人的编号置 0
        {
            * (p + i) = 0;
            k = 0;
            m++;
        }
        i++;
        if(i == n)i = 0;
    }
```

4) 用一个函数实现两个字符串的比较，即自己编写一个 strcmp 函数，函数的原型为

```
int   strcmp(char   * p1,char   * p2);
```

设 p1 指向字符串 s1,p2 指向字符串 s2。要求当两个字符串相同时返回 0,若两个字符

串不相同,则返回它们二者中第一个不同字符的 ASCII 码的差值。两个字符串 s1、s2 由主函数输入,strcmp 函数的返回值也由主函数输出。

程序提示:使用以下函数进行比较。

```c
int strcmp(char * p1,char * p2)
{
    int i = 0;
    while( * (p1 + i) == * (p2 + i))
        if( * (p1 + i++) == '\0') return 0;
    return * (p1 + i) − * (p2 + i);
}
```

2. 函数指针实例。

函数指针指向的是函数,也就是代码,而不是数据,因此不能对函数指针进行加减运算。函数指针唯一的用途是当指针指向函数后,可以通过指针调用函数。

函数指针的定义:

```c
double    ( * p)(int x,  char y);
```

该语句定义了一个函数指针 p,所有第一形参为整数,第二形参为字符,且函数返回值为 double 类型的函数,无论函数名是什么、功能如何,都可以用指针 p 指向该函数,随后通过 p 调用函数。

编写一个用矩形法求定积分的通用函数。

说明:积分中用到的 3 个函数已在系统的数学函数库中,程序开头要加

```c
#include < math. h >
```

调用格式为 sin(x),cos(x),exp(x)。

程序提示:求积分的函数如下。

```c
float integral(float ( * p)(float),float a,float b,int n)
{
    int i;
    float x,h,s;
    h = (b − a)/n;
    x = a;
    s = 0;
    for(i = 0; i < n; i++)
    {
        x = x + h;
        s = s + ( * p)(x) * h;
    }
    return(s);
}
```

调用格式：

```
float  ( * p)(float);
float fsin(float);
p = fsin;
c = integral(p,a1,b1,n);
```

fsin 函数如下：

```
float fsin(float x)
{return sin(x);}
```

3. 二级指针(指向指针的指针)。

用指向指针的指针对 n 个整数排序并输出。要求将排序单独编写成一个函数，n 和各整数在主函数中输入，最后在主函数中输出。

程序提示：排序函数如下。

```
void sort(int ** p, int n)
{
    int i, j, * temp;
    for(i = 0; i < n - 1; i++)
     for(j = i + 1; j < n; j++)
        if( ** (p + i)> ** (p + j))
            {temp = * (p + i); * (p + i) = * (p + j); * (p + j) = temp;}
}
```

main 函数如下：

```
void main()
{
    void sort(int ** p, int n);
    int i, n, data[10], ** p, * pstr[10];
    printf("Input n:");
    scanf(" % d",&n);
    for(i = 0; i < n; i++)
        pstr[i] = &data[i];
    printf("\nInput % d integer number:\n",n);
    for(i = 0; i < n; i++)
        scanf(" % d",pstr[i]);
    p = pstr;
    sort(p,n);
    printf("\nNow, the sequence is:\n");
    for(i = 0; i < n; i++)
        printf(" % 5d", * pstr[i]);
    printf("\n");
}
```

4. 指向数组的指针。

指向数组的指针的定义方法为

```
int    ( * p)[4];
```

该定义说明 p 是一个指针,它可以指向具有 4 个整数元素的一维数组。

程序如下:

```
#include<stdio.h>
void f(int ( * p)[4],int n)
{
  int i;
  for (i = 0; i < n;i++)
    printf("%d   ", * ( * p + i));
  printf("\n");
}
int main()
{
    int a[3][4] = {1,2,3,4,5,6,7,8,9,10,11,12},i,( * p)[4] = a;    //p是数组指针
    for(i = 0;i < 3;i++) f(p++,4);                                  //p加1,则p指向下一个数组
    return 0;
}
```

指向数组的指针指向一个数组,其实也就是数组的第一个元素的地址。

9.4 设计题

1. 有 n 个整数,使前面各数顺序向后移 m 个位置,最后 m 个数变成前面 m 个数。编写一个函数,实现以上功能,在主函数中输入 n 个数和输出调整后的 n 个数。

2. 编写一个程序,输入星期,输出该星期的英文名。用指针数组处理。

3. 有 n 人围成一圈,按顺序排号。从第 1 个人开始报数(从 1 到 m 报数),凡报到 m 的人退出圈子,问最后留下的人是原来的第几号(m 从键盘输入)。

4. 编写一个函数 exchange 用于交换两个整数,用函数 sort 对一组数据进行排序,其中交换部分调用 exchange 函数,在主程序中输入数据并调用 sort 函数排序。

5. 有 3 个函数,分别为将一个整数换为二、八和十六进制数并输出。编写一个 convert 函数,它可以实现上述 3 个功能中的任一个(提示,convert 的形参为要转换的整数和能指向上述 3 函数的函数指针)。

6. 设有一个数列,包含 10 个数,已按升序排好。现要求编写一程序,它能够把从指定位置开始的 n 个数按逆序重新排列并输出新的完整数列。进行逆序处理时要求使用指针方法(例如,原数列为 1,2,3,4,5,6,7,8,9,10,若要求把从第 5 个数开始的 5 个数按逆序重新排列,则得到的新数列为 1,2,3,4,9,8,7,6,5,10)。

7. 编写一个函数,实现两个字符串的比较。函数原型为 int strcmp(char * p1,char * p2)。设 p1 指向字符串 s1,p2 指向字符串 s2。

要求：当 s1＝s2 时，返回值为 0。当 s1 不等于 s2 时，返回它们二者中第一个不同字符的 ASCII 码差值。如果 s1＞s2,则输出正值；如果 s1＜s2,则输出负值。例如,"GOOD"与"GIRL",第二个字母不同,'O'与'I'之差为 79－73＝6,则函数返回 6;"STUDENT"与"STUDY",第 5 个字母不同,'E'与'Y'之差为 69－89＝－20,则函数返回－20。

8. 从键盘上输入一个字符串,然后输出一个新字符串,新的字符串是在原来字符串中每两个字符之间插入一个空格,如原来的字符串为"abcd",新产生的字符串应为"a b c d"。

9. 加密程序：由键盘输入明文,通过加密程序转换为密文并输出到屏幕上。算法：明文中的字母转换为其后的第 4 个字母,例如,A 变成 E(a 变成 e),Z 变成 D,非字母字符不变;同时在密文每两个字符之间插入一个空格。例如,China 转换成密文为 G l m r e。

要求:在函数 change 中完成字母转换,在函数 insert 中完成增加空格,用指针传递参数。

10. 计算字符串中子串出现的次数。要求:用一个子函数 subString 实现,参数为指向该字符串和要查找的子串的指针,返回子串出现的次数。

第 10 章　程序调试技术

10.1　实验目的

熟悉 C 语言程序调试技术。

10.2　课程内容与语法要点

1. 调试的概念。

在编写代码的过程中,相信大家遇到过这样的情况:代码能够编译通过,没有语法错误,但是运行结果却不对,反复检查了很多遍,依然不知道哪里出了问题。这个时候就需要调试程序了。所谓调试(Debug),就是让代码一步一步地执行,跟踪程序的运行过程。例如,可以让程序停在某个地方,查看当前所有变量的值,或者内存中的数据;也可以让程序一次只执行一条或者几条语句,看看程序到底执行了哪些代码。在调试的过程中,可以监控程序的每一个细节,包括变量的值、函数的调用过程、内存中的数据、线程的调度等,从而发现隐藏的错误或者低效的代码。编译器可以发现程序中的语法错误,调试可以发现程序中的逻辑错误。所谓逻辑错误,是指代码思路或者设计上的缺陷。学习调试可以增加编程的功力,有助于了解自己的程序,例如变量是什么时候赋值的、内存是什么时候分配的,从而弥补学习中的纰漏。

2. 设置断点。

默认情况下,程序不会进入调试模式,代码会瞬间从开头执行到末尾。要想观察程序的内部细节,就得让程序在某个地方停下来,可以在这个地方设置断点。

所谓断点(Break Point),可以理解为障碍物。人遇到障碍物不能行走,程序遇到断点就暂停执行。

插入断点有如下 3 种方式。

(1) 单击代码左侧的灰色部分;

(2) 将光标定位到要暂停的代码行,然后按 F9 键插入断点;

(3) 在要暂停的位置右击,在弹出的快捷菜单中选择"断点"→"插入断点",如图 10-1 所示。

插入断点后,单击上方的"运行"按钮,或者按 F5 键,即可进入调试模式,如图 10-2 所示。

可以看到,程序虽然运行了,但并未输出任何数据,这是因为在输出数据之前就暂停了。

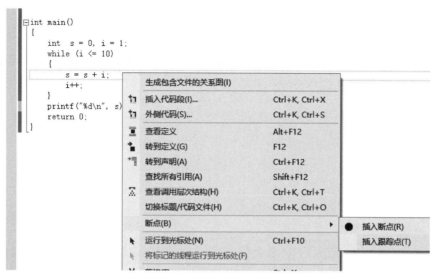

图 10-1　插入断点

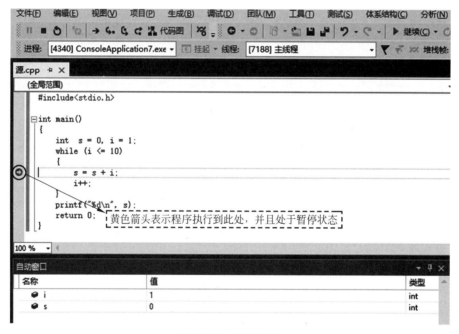

图 10-2　调试模式

同时,在界面的上方出现了与调试相关的工具条,下方也多出了几个与调试相关的窗口,如图 10-3 所示。

其中各窗口的作用如下。

自动窗口:显示当前代码行和上一代码行中所使用到的变量。

局部变量:显示当前函数中的所有局部变量。

调用堆栈:可以看到当前函数的调用关系。

断点:可以看到当前设置的所有断点。

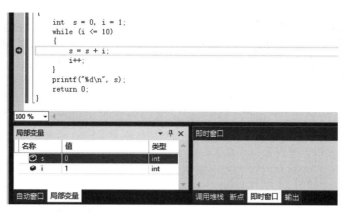

图 10-3　调试模式相关窗口

即时窗口：可以临时运行一段代码。

输出：显示程序的运行过程,给出错误信息和警告信息。

以上窗口如果没有出现,则可以通过在 VS 上方的菜单栏中选择"调试"→"窗口"打开,如图 10-4 所示。

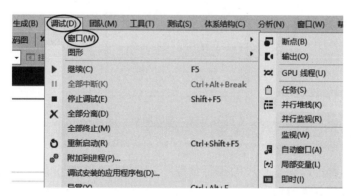

图 10-4　打开"窗口"

注意：必须在调试状态下才能看到图 10-4 中的菜单。

严格来说,调试器遇到断点时会把程序暂时挂起,让程序进入一种特殊的状态——中断状态,这种状态下操作系统不会终止程序的执行,也不会清除与程序相关的元素,例如变量、函数等,它们在内存中的位置不会发生变化。但是,处于中断状态下的程序允许用户查看和修改它的运行状态,例如查看和修改变量的值、查看和修改内存中的数据、查看函数调用关系等。

3. 继续执行程序。

单击"运行"按钮或者按 F5 键即可跳过断点,让程序恢复正常状态,继续执行后面的代码,直到程序结束或者遇到下一个断点。在调试过程中,按照上面的方法可以设置多个断点,程序在执行过程中每次遇到断点都会暂停,如图 10-5 所示。

如果不希望程序暂停,可以删除断点。删除断点也很简单,在原有断点处再次单击即可;也可以将光标定位到要删除断点的代码行,再次按 F9 键;或者在断点上右击,在弹出的快捷菜单中选择"删除断点",如图 10-6 所示。

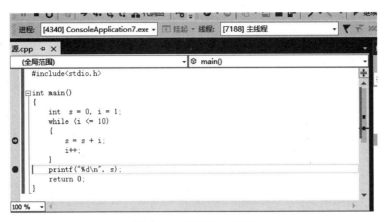

图 10-5　设置多个断点

图 10-6　删除断点

4. 查看和修改变量的值。

设置了断点,就可以观察程序的运行情况了,其中很重要的一点就是查看相关变量的值,这足以发现大部分逻辑错误。

将下面的代码输入源文件中:

```c
#include <stdio.h>
int main(){
int value_int, array_int[3];
float value_float;
char * value_char_pointer;
//在这里插入断点
value_int = 1048576;
value_float = 2.0;
value_char_pointer = "Hello World";
array_int[0] = 379; array_int[1] = 94;
//在这里插入断点
return 0;
}
```

在代码提示处插入断点。运行到第一个断点时,在"局部变量"窗口可以看到各个变量的值,如图 10-7 所示。

图 10-7　变量的值

可以发现，未经初始化的局部变量和数组的值都是随机值，没有意义。

单击"运行"按钮或按 F5 键，程序会运行到下一个断点位置，在"局部变量"窗口可以看到各个值的变化，如图 10-8 所示。

名称	值	类型
value_float	2.00000000	float
▲ array_int	0x006ffb14 {379, 94, -858993460}	int[3]
[0]	379	int
[1]	94	int
[2]	-858993460	int
value_int	1048576	int
▷ value_char_pointer	0x00995858 "Hello World"	char *

图 10-8　变量值的变化

5. 添加监视。

如果希望长时间观测某个变量，还可以将该变量添加到"监视"窗口。在要监视的变量处右击，弹出如图 10-9 所示的快捷菜单。

在弹出的快捷菜单中选择"添加监视"选项，在 VS 下方的"监视"窗口就可以看到当前变量的信息，如图 10-10 所示。

被监视的变量的值每次改变都会反映到该窗口中，无须再将鼠标移动到变量上方查看其值。尤其是当程序稍大时，往往需要同时观测多个变量的值，添加监视的方式就会显得非常方便。

6. 单步调试（逐语句调试和逐过程调试）。

在实际开发中，常常会出现这样的情况：可以大致把出现问题的代码锁定在一定范围内，但无法确定到底是哪条语句出现了问题。该怎么办呢？按照前面的思路，必须要在所有代码行前面设置断点，让代码一个断点一个断点地执行。这种方案确实可行，但很麻烦，也不专业，因此需要用到单步调试。所谓单步调试，就是让代码一步一步地执行。

下面的代码用来求一个等差数列的和，以该代码来演示单步调试。

程序调试技术

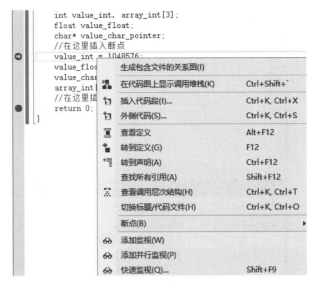

图 10-9 添加监视

名称	值	类型
value_float	-107374176.	float
value_int	-858993460	int

图 10-10 被监视的变量

```c
# include < stdio. h >
int main(){
int start, space, length, i, thisNum;
long total = 0;
printf("请输入等差数列的首项值：");
scanf("% d", &start);
printf("请输入等差数列的公差：");
scanf("% d", &space);
printf("请输入等差数列的项数：");
scanf("% d", &length);
for(i = 0; i < length; i++){
thisNum = start + space * i;
if( length - i > 1 ){
    printf("% d + ", thisNum);
}else{
    printf("% d", thisNum);
}
    total += thisNum;
}
printf(" = % ld\n", total);
return 0;
}
```

在"printf("请输入等差数列的首项值：");"处设置一个断点并编译，然后单击"逐过程"按钮，或者按 F10 键，程序就会运行到下一行并暂停。再次单击"逐过程"按钮或按 F10

键，就会执行第 6 行代码，要求用户输入数据，如图 10-11 所示。

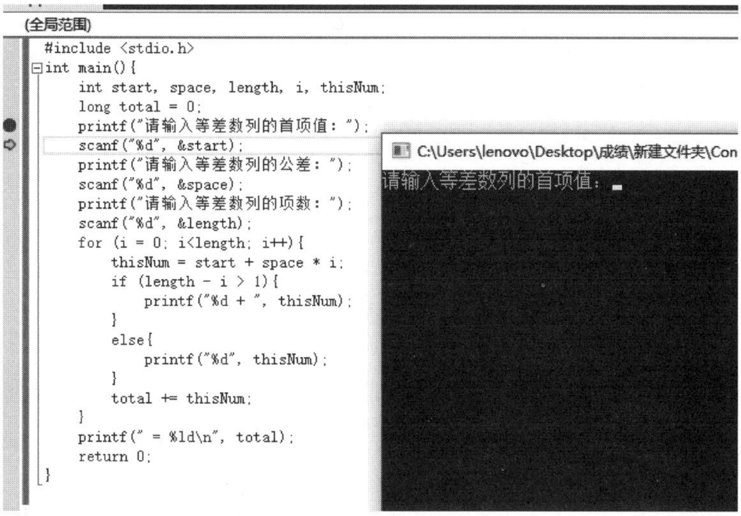

图 10-11　输入数据

用户输入结束后，黄色箭头就会指向第 7 行，并暂停程序，如图 10-12 所示。

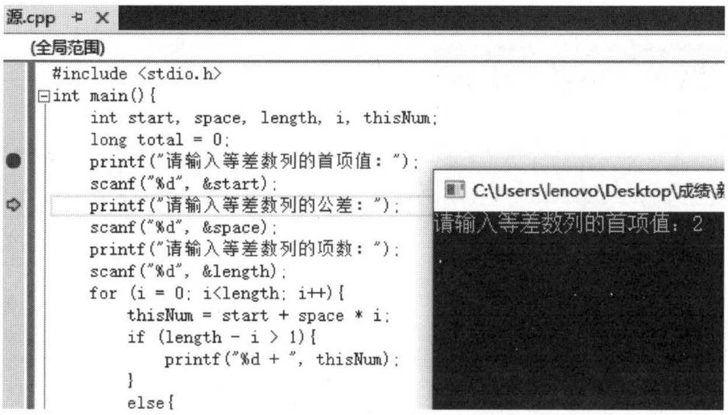

图 10-12　输入结束

如此重复执行上面的操作，就可以让程序逐条语句执行，以观察程序的内部细节，这就是单步调试。

其中，逐语句是指当执行到某个函数的时候，调试窗口会进入这个函数，然后程序断点会跳转到这个函数中的第一条语句。逐过程则是指当执行到某个函数的时候，不会进入这个函数，而是直接执行完这个函数，程序断点会跳到这个函数之后的下一条语句。

7. 即时窗口的使用。

即时窗口是 VS 提供的一项非常强大的功能，在调试模式下，可以在即时窗口中输入 C 语言代码并立即运行，如图 10-13 所示。

在即时窗口中可以使用代码中的变量，可以输出变量或表达式的值（无须使用 printf 函数），也可以修改变量的值。即时窗口本质上是一个命令解释器，它负责解释输入的代码，再由 VS 中的对应模块执行，最后将输出结果呈现到即时窗口。

需要注意的是，在即时窗口中不能定义新的变量，因为程序运行时 Windows 已经为它

程序调试技术

分配好了只够刚好使用的内存,定义变量是需要额外分配内存的,所以调试器不允许在程序运行的过程中定义变量,因为这可能会导致不可预知的后果。

在即时窗口中除了可以使用代码中的变量外,也可以调用代码中的函数。

将下面代码输入源文件中:

```c
int add(int x, int y){
return x + y;
}
int main(){
return 0;
}
```

在"return 0;"处设置断点,并在即时窗口中输入 add(5,8),如图 10-14 所示。

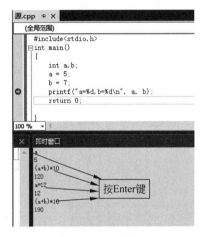

图 10-13 即时窗口

图 10-14 调用函数

此时,按下 Enter 键后就会出现函数得到的返回值 13。

10.3 实验内容

1. 下面程序用来求 $1+2+3+\cdots+n \leqslant 10000$ 时的最大的 n 值。

```c
#include <stdio.h>
int main()
{
int sum, i;
sum = 0;
i = 0;
while(sum <= 10000);
{   ++i;
    sum += i;}
    printf("n = % d\n",i);
    return 0;
}
```

1）按 Ctrl＋F5 组合键运行程序，会发现此程序没有错误，能正常运行。只不过得不到正确结果，进入死循环，如图 10-15 所示。

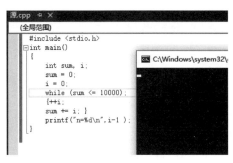

图 10-15　代码运行界面

2）单步跟踪，发现在 while 语句处出现死循环，如图 10-16 所示。

3）经过分析得知，while 语句后的";"是造成死循环的原因。去掉";"，让程序直接运行到图 10-17 的箭头处，自动窗口中显示 i 的值是 141，sum 的值是 10011。

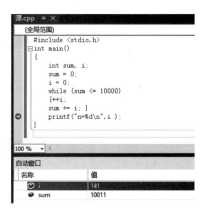

图 10-16　while 语句出现死循环　　　图 10-17　通过变量值发现错误

sum 比 10000 大，与题目要求不符，说明 i 的循环多计数一次，因此需减少一次。故此，可将次代码修改为：

```
#include <stdio.h>
int main()
{
    int sum, i;
    sum = 0;
    i = 0;
    while(sum <= 10000);
    {   ++i;
        sum += i;}
        printf("n = % d\n",i-1);
        return 0;
}
```

程序调试技术

2. 输入下面的程序并进行单步运行,加深了解变量的指针和指针变量的概念。

```
# include < stdio. h >
int main()
{
    int a = 5, * p;
    p = &a;
    a = 10;
    * p = 8;
    return 0;
}
```

1)进入程序后,在"p=&a;"语句行上添加断点。

2)分别为 a、&a,p 及 * p 添加监视。一次只能添加一个监视,需 4 次才能添加完。

注意:调试程序时,添加的监视表达式最好不要超过 4 个。

3)按 F5 键编译,查看监视窗口中的内容,可发现此时 a 已有确定的地址 &a 和确定的值,而 p 还没有确定的值(此时语句"p=&a;"还未执行),即 p 还没有明确的指向,因而它所指向的内存单元 * p 中的内容也是不确定的,如图 10-18 所示。

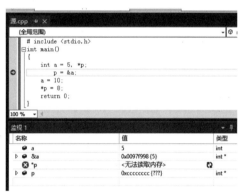

图 10-18   执行 p=&a 之前各项值

4)按 F10 键往下执行一步后再查看监视窗口中的内容,可发现 p 已有确定的值,它与 &a 的值一致,说明 p 中存放了变量 a 的地址,也就是说 p 是指向变量 a 的指针变量。同时可发现, * p 的内容与 a 的内容一致,即 p 所指向的内存单元中的内容就是 a 的内容;从而可以理解 * p 等效于 a,表示同一内存单元,如图 10-19 所示。

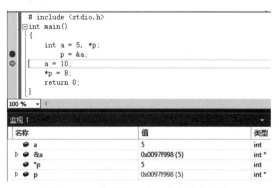

图 10-19   执行"p=&a;"之后各项值

5）按 F10 往下执行一步后再查看监视窗口中的内容,可发现 ∗ p 和 a 的内容都已发生变化,从而可理解通过改变指针变量 p 所指向的内存单元中的内容可以间接地改变 a 中的内容,如图 10-20 所示。

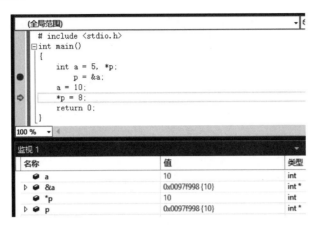

图 10-20　执行"a＝10;"之后各项值

6）再按 F10 键往下执行一步,可发现 a 的值和 ∗ p 的值都已发生变化,即改变 a 的内容就等于改变指针变量 p 所指向的内存单元中的内容,如图 10-21 所示。

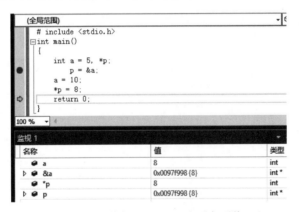

图 10-21　执行" ∗ p＝8;"之后各项值

10.4　设计题

1. 编译如下程序,改正语法错误,直到形成可执行文件。调试下面的程序,在主函数和 fun 函数中观察数组中的值,单步运行程序,并观察各指针值的变化。找出逻辑错误并改正,直到程序得到正确的结果。

程序的功能是输入一个较长的字符串,再输入一个短字符串,求出短字符串在长字符串中出现的位置。

```
#define  N  80
int fun(char ∗ s, char ∗ t)
```

程序调试技术

```
{
    int n = 0; char * p , * r;
    while ( * s )
    {
        p = s;
        r = p;
        while( * r)
        if( * r == * p)
        {
            r++;
            p++;
        }
        else break;
        if( * r = 0)
        n++;
        s++;
    }
    return n;
}
int main()
{
    char a[N],b[N];   int   m;
    printf("Enter string a : ");
    gets(a);
    printf("Enter substring b : ");
    gets( b );
    m = fun(a, b);
    printf(" The result is : m = % d ",m);
    return 0;
}
```

2. 单步运行以下程序,观察 &a[0]、&a[i]和 p 的变化,然后回答以下问题。

```
# include < stdio. h>
int main()
{
    int i, * p,s = 0,a[5] = {5,6,7,8,9};
    p = a;
    for(i = 0;i < 5;i++)
    {
        s += * p;
        p++;
    }
    printf("\n s = % d" ,s);
    return 0;
}
```

1) 程序的功能是什么?
2) 在开始进入循环体之前,p 指向谁?
3) 循环每增加一次,p 的值(地址)增加多少? 它指向谁?
4) 退出循环后,p 指向谁?

第11章 结构体和共用体

11.1 实验目的

1. 掌握结构体类型的定义和结构体变量的使用。
2. 掌握结构体类型数组的概念和使用。
3. 熟悉链表的概念,初步学会对链表进行操作,学会在函数之间传送链表的方法。
4. 理解共用体的概念与使用。

11.2 课程内容与语法要点

结构体是由不同数据类型组织在一起而构成的一种数据类型,因而一个结构体有多个数据项,数据项的类型可以不相同。

1. 结构体的说明。

结构体类型不是 C 语言提供的标准类型。为了能够使用结构体类型,必须先说明结构体类型,描述构成结构体类型的数据项(也称字段),以及各成员的类型。其一般形式为

```
struct 结构体名
{
数据类型成员 1;
  ⋮
数据类型成员 n;
};
```

其中,struct 是关键字,后面是结构体名,两者一起构成了结构体数据类型的标识符。结构体的所有成员都必须放在一对大括号之中,每个成员的形式为

```
数据类型    成员名;
```

(1)结构体名是用户在定义结构体类型时给结构体类型取的名字,遵循标识符的命名规则。

(2)结构体有若干数据成员,分别属于各自的数据类型。结构体成员的命名同样遵循标识符的命名规则,它属于特定的结构体变量成员,名字可以与程序中其他变量或标识符同名。

（3）使用结构体类型时，"struct 结构体名"要作为一个整体，表示名字为"结构体名"的结构体类型。

（4）定义一个结构体类型，系统不会为其分配内存单元。定义一个类型只是表示这个类型的结构，即告诉系统它由哪些类型的成员构成，各占多少字节，各按什么形式存储，并把它们当作一个整体来处理。

（5）结构体类型是根据设计者的需要来组合的。

（6）关于结构体类型系统没有预先定义，凡需要使用结构体类型数据的，都必须在程序中自己定义。结构体是一种复杂的数据类型，是数目固定、类型不同的若干有序变量的集合。

（7）结构体类型定义后，右大括号后的分号不能省略。

2. 结构体变量的定义。

结构体变量的定义有以下几种形式。

（1）利用已定义的结构体名定义变量。

```
struct 结构体名   变量名表;
```

例如：

```
struct bookcard   book1[100];
struct student   s[30], t1, t2;
```

（2）在定义结构体类型的同时定义变量。

```
struct   结构体名
{
成员定义表;
}变量名表;
```

例如：

```
struct student
{   char num[8],name[20],sex;
int age;
float score;
}st[30];
```

（3）直接定义结构体变量，没有结构体名。

```
struct
{
成员定义表;
}变量名表;
```

例如：

```
struct
{   char num[8],name[20],sex;
int age;
float score;
}st[30], a, b, c;
```

注意：结构体类型和结构体变量是不同的概念。

（1）在定义时一般先定义一个结构体类型，然后定义变量为该类型。

（2）赋值、存取或运算只能对变量，不能对类型进行。

（3）编译时只为变量分配空间，不为类型分配空间。

3. 结构体定义的嵌套。

结构体类型的成员除了可以使用基本数据类型之外，还可以是其他类型，如上面例子中以数组作为成员。当然，关于一个结构体类型的成员，其类型也可以是另外一个结构体类型，这种结构体类型被称作结构体的嵌套。

例如：

```
struct date                //日期结构体
{
    int year;
    int month;
    int day;
};
struct student             //学生结构体
{
    int no;
    char name[10];
    char sex;
    struct date birthday;
};
```

结构体 student 的成员 birthday 就是另外一个结构体 date 类型。

4. 访问结构体变量。

访问结构体变量的方法是访问其中的各成员（字体段）。其一般形式为

结构体变量名.成员名

例如：

```
struct student s;
printf ("%s",s.name );
s.age = 21;
s.birthday.year = 1990;
```

结构体变量唯一能进行的整体操作是同结构体声明的变量之间可以赋值：

```
struct student s1, s2;
s2 = s1;
```

5. 结构体指针。

可以用指针指向一个结构体变量空间,然后通过指针访问结构体空间。这个结构体空间可以是一个已存在的变量,也可以是动态分配的空间(用 malloc 函数)。

```
struct Example e, * p = &e;
```

这时,针 p 指向结构变量 e,通过结构体指针访问结构体变量,也只能访问其中的各成员,方法是:

```
( * p).name
```

或

```
p - > name
```

注意:(* p)两侧的括号不可少,因为成员符".“的优先级高于” * "。如去掉括号写作 * p. name 则等效于 * (p. name),这样,意义就完全不对了。

6. 结构体成员的引用形式。

以下三种用于表示结构体成员的形式是完全等效的。

(1)结构体变量名.成员名

(2)(* 结构体指针变量名).成员名

(3)结构体指针变量名→成员名

注意:在形式 1 中,分量运算符左侧的运算对象,只能是结构体变量。在形式 2 中,由于"."运算符优先级高,因此" * 结构体指针变量名"外面的括号不能省。而在形式 3 中,指向运算符左侧的运算对象,只能是指向结构体变量(或结构体数组)的指针变量,否则都会出错。

7. 共用体。

共用体是另一种构造类型的数据,其定义与语法和结构体很相似。与结构体不同的是,它将不同类型的数据组织在相同的存储空间中,即在同一个存储区中先后存放不同类型的数据。共用体变量的定义方式如下:

```
union Example
{
int a;
float b;
char c;
}x;
```

即定义了一个共用体类型 Example,同时定义了共用体变量 x。但应注意,由于共用体开辟的存储空间将为 3 个成员共同使用,即成员 a、b、c 在内存中的起始地址相同,因此开辟空间的大小为其中最大一个成员所占的空间,本例则为 4 字节(如果以上定义的是结构体,则变量所占的空间为 3 个成员之和,为 7 字节)。

显然,由于 3 个成员存放在相同的空间里,同一时刻只可能保存一个结果,因此必须清楚当前存放的是哪一个成员的值。这一点必须由用户自行确定。共用体常用于结构体内部,举例如下:

```
struct    student
{
    long   no;
    char name[11];
    ing age
    int isParty;                    //标志,若为党员,则该值为1; 若为非党员,则值为 0
    union
    {
        int   partyAge;             //isParty 为真时,读整数,作为党龄
        char np[7]                  //isParty 为假时,读字符串"非党员"
    }
}
```

程序中通过判断 isParty 值,决定如何读共用体。

共用体变量的特点如下。

(1) 同一内存段可以用来存放不同类型的成员,但是每一时刻只能存放其中的一种(也只有一种有意义)。

(2) 共用体变量中有意义的成员是最后一次存放的成员。

(3) 共用体变量的地址和它的成员的地址都是同一地址。

(4) 除整体赋值外,不能对共用体变量进行赋值,也不能试图引用共用体变量来得到成员的值。不能在定义共用体变量时对共用体变量进行初始化(系统不清楚是为哪个成员赋初值)。

(5) 可以将共用体变量作为函数参数,函数也可以返回共用体变量或共用体指针。

(6) 共用体和结构体可以相互嵌套。

8. 用指针处理链表。

链表是一种动态数据结构,可根据需要动态地分配存储单元。在数组中,插入或删除一个元素都比较烦琐,而用链表则相对容易。但是数组元素的引用比较简单,对于链表中节点数据的存取操作则相对复杂。

(1) 链表中每个元素称为一个节点。

(2) 构成链表的节点必须是结构体类型数据。

(3) 相邻节点的地址不一定是连续的,依靠指针将它们连接起来,如图 11-1 所示。

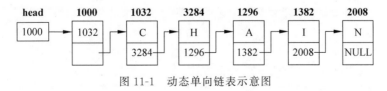

图 11-1　动态单向链表示意图

结构体和共用体

链表的特点：

（1）链表根据需要开辟内存单元，不会浪费内存。

（2）链表有一个"头指针"变量，存放一个地址，该地址指向一个节点。每个节点都应包括两个部分：用户需要的实际数据和下一个节点的地址。

（3）链表中各元素在内存中不一定是连续存放的。

（4）链表的数据结构必须用指针变量才能实现。

11.3　实验内容

1. 输入以下程序段：

```
union Uni
{   short int a;
    char b[2];
} un;
  :
un. b[0] = '0';
un. b[1] = '1';
printf(" % d",un. a);
```

运行程序，分析程序为什么会输出这个结果。

2. 设计一个学生结构体类型，有编号、姓名、成绩 3 个字段，创建学生结构体数组，并对成绩按升序排序。

声明结构体类型：

```
struct Student
{
    int no;
    har   name[11];
    double score;
};
```

声明变量：

```
Struct Student   s;
```

更方便的方法是：

```
typedef   struct
{
    int no;
    char   name[11];
    double score;
} STU;
```

声明变量：

```
STU  s;
```

声明结构体数组并初始化：

```
STU  s[] = {{1,"张琼",572.6},{2,"李云芳",478.9},{3,"吴伟林",505.1},
{4,"卢盛",598.0}……};
```

按记录的某字段排序。冒泡排序：

```
for (i = 0; i < N − 1; i++)
for ( j = N − i;   j > 0; j − − )
if(s[j − 1].score > s[j].score)    //比较数组各元素结构中的 score 字段
    {  STU  tmp = s[j − 1];
      s[j − 1] = s[j];
      s[j] = tmp;                  //交换，同结构的各变量之间可以相互赋值
}
```

3．编写一个程序，使用动态链表实现下面的功能。

（1）建立一个链表用于存储学生的学号、姓名和 3 门课程的成绩与平均成绩。

（2）输入学号后输出该学生的学号、姓名和 3 门课程的成绩。

（3）输入学号后删除该学生的数据。

（4）插入学生的数据。

（5）输出平均成绩大于或等于 80 分的记录。

（6）退出。

建立结构体类型，题意所要求的结构有 3 个字段，但作为链表，必须有一个附加的指针字段指向下一个节点，结构如下：

```
typedef   struct
{
  int no;
  char name[11];
  double s1,s2,s3,aver;
  struct Student * next;
} Student;
```

链表中最重要的是要把握链表的表头，只要把握正确的表头，就可以沿链表找到其他数据，反之，如果表头丢失，或链表中某个节点丢失，则该节点之后的所有节点也就无法找到。

1）建立链表。

插入节点：插入第一个数据时，会产生表头节点，这时会改变头指针，而在其他位置插入节点时，则不会破坏头节点，初始时，链表为空，头节点为空，可以用这个条件判断是否为第一个节点。

而将头节点带回头指针，可以用函数的返回值返回，也可以用指针形参带回。以下是这两种方法的代码。

结构体和共用体

（1）用函数的返回值返回链表头指针。

```
Student *  create(Student * head)
{
   Student * p,node = (Student * )malloc(sizeof(Student));
   Scanf("% d % s  % lf  % lf  % lf",&(node - > no),node - > name,&(node - > s1),
&(node - > s2),  &(node - > s3));
   node - > aver = (node - > s1 + node - > s2 + node - > s3)/3;
 if (head == NULL)
        head = node;
   else
{
p = head;
while (p - > next!= NULL) p = p - > next;
p - next = node;
}
return head;
}
```

在调用程序中用如下方法插入一个节点：

```
Student *  head = NULL;
 ⁝
Head = create(head);
```

（2）用地址形参带回头指针。

```
void  create(Student ** head)
{
   Student * p, * node = (Student * )malloc(sizeof(Student));
   Scanf("% d % s % lf  % lf  % lf",&(node - > no),node - > name,&(node - > s1),&(node - > s2), &(node - >
s3));
   node - > aver = (node - > s1 + node - > s2 + node - > s3)/3;
   if (head == NULL)
    * head = node;
   else
    {
      p = head;
      while (p - > next!= NULL) p = p - > next;
      p - next = node;
    }
   return * head;
}
```

在调用程序中：

```
Student * head;
 ⁝
create(&head);
```

有了插入节点的函数后,建立链表的过程只是反复调用插入节点的函数。

2)按学号查询学生信息。

这个函数的参数是学号,遍历链表,比较每个节点中的学号字段是否与待查学号相同,若相同则输出该节点中的信息。

```
void search(Student * head,int no)
{   Student * p = head;
    while (p!= NULL && p->no!= no) p = p->next;
    if (p->no == no)
    printf("%d\t%s\t%lf\t%lf\t%lf\t%lf\n",p->no,p->name,p->s1,p->s2,p->s3,p->aver);
}
```

3)删除指定学号的学生数据。

定义指针 q,p,p 定位到指定节点,q 是它后面的节点,删除节点是让 q 的 next 指针指向 p 的 next 指针指向的节点。

```
int delete(Student ** head,int no)
{
    Student * p = * head,q = NULL;
    if (p == NULL) return 0;                    //空链表,删除失败
    else
    if (p->no == no)                            //第一个节点是要删除的节点
    {
        * head = p->next;
        free(p);
        return 1;
    }
    else
    {
        while (p!= NULL && p->no!= no) {q = p;   p = p->next;}
        if (p == NULL)   return 0;               //未找到待删节点
        q->next = p->next;
        free(p);
        return 1;
    }
}
```

4)插入新节点。

前述 create 函数操作是在链表中增加一个新节点,本函数是在链表中指定学号节点之前插入新节点。

```
int insert(Student ** head,int no)
{   Student * p = * head,q = NULL;
    if (p == NULL) return 0;                     //空链表,插入失败
else
if (p->no == no)                                 //在第一个节点之前插入节点
```

结构体和共用体

```
{
    Student * node = (Student * )malloc(sizeof(Student));
    scanf("%d %s %lf %lf %lf",&(node->no),node->name,&(node->s1),&(node->s2), &
(node->s3));
    node->aver = (node->s1 + node->s2 + node->s3)/3;
                    node->next = * head;
                     * head = node;
    }
    else
    {
        Student * node = (Student * )malloc(sizeof(Student));
        while (p!= NULL && p->no!= no) {q = p;      p = p->next;}
                        if (p == NULL)   return 0;     //未找到插入位置
            scanf("%d %s %lf %lf %lf",&(node->no),node->name,&(node->s1),&(node->
s2), &(node->s3));
        node->aver = (node->s1 + node->s2 + node->s3)/3;
        node->next = p;
        q->next = node;
        return 1;
    }
}
```

5）输出平均成绩大于或等于 80 分的全部学生信息。

```
void print(Student * head)
{
    Student * p = head;
      while(p )
        {   if (p->aver > 80)
            printf("%d\t%s\t%lf\t%lf\t%lf\t%lf\n",
    p->no,p->name,p->s1,p->s2,p->s3,p->aver);
            p = p->next;
      }
}
```

6）菜单操作。

在多项功能可供调用时，程序中经常将各功能的描述以菜单的形式给出，供用户选择调
用。菜单设计与功能选择：

```
while (1)
{
    system("cls");
    printf("1. 建立链表");
    printf("2. 按学号查询");
    printf("3. 删除学生的数据");
    printf("4. 插入数据");
    printf("5. 输出平均成绩大于或等于80分的记录");
    printf("6. 退出");
```

```
    printf("请选择功能: ");
    scanf(" % d",n);
    switch(n)
    {
        case 1: create(&head);break;
        case 2: scanf(" % d",n); search(head,n); break;
        case 3: scanf(" % d",n); delete(&head,n); break;
        case 4: insert(&head,n); break
        case 5: print(head);
        case 6: exit(0);
    }
}
```

11.4 设计题

1. 编写程序,从键盘输入 $n(n<10)$ 个学生的学号(学号为 4 位的整数,从 1000 开始)、成绩并存入结构数组中,按成绩从低到高的顺序排序并输出排序后的学生信息。

2. 现有 N 个学生的数据记录,每个记录包括学号、姓名、3 科成绩。编写一个函数 input,用来输入一个学生的数据记录。编写一个函数 print,打印一个学生的数据记录。在主函数中调用这两个函数,读取 N 条记录并输入。

要求:输出时学生数量 N 占一行,每个学生的学号、姓名、3 科成绩占一行,用空格分开。每个学生的学号、姓名、3 科成绩占一行,用逗号分开。

3. 有两个链表 a 和 b,设节点中包含学号、姓名。从链表 1 中删去与链表 b 中有相同学号的那些节点。

4. 建立一个链表,每个节点包括学号、姓名、性别、年龄。输入一个年龄,如果链表中的节点所包含的年龄等于此年龄,则将此节点删去。

5. 将一个链表按逆序排列,即将链头当链尾,链尾当链头。

6. 有 5 个学生,每个学生的数据包括学号、姓名、英语成绩。其中英语成绩分两种情况:一种是英语通过四六级考试,过四级记为 CET4,过六级记为 CET6;另一种是未通过四六级考试,记学期期末考试成绩(整数)。从键盘输入 5 个学生的数据,分别输出过级与未过级学生的数据。如果过四级当作 85 分处理,过六级当作 95 分处理,求所有学生的平均成绩。

7. 有 10 个学生,每个学生的数据包括学号、姓名以及 3 门课程成绩,求出各学生的平均成绩,并按平均成绩从小到大排序。

第 12 章　　　文　件

12.1　实验目的

1. 理解文件的概念以及 C 语言文件的存储形式。
2. 理解文本文件和二进制文件的概念。
3. 掌握文件的打开和关闭方法。
4. 掌握文件的读写方法。

12.2　课程内容与语法要点

1. 文件指针。

进行文件操作之前,必须定义文件类型指针变量。其一般形式为:

```
FILE * 指针变量名;
```

例如:

```
FILE * fp1, * fp2;
```

FILE 是 C 语言定义的结构类型,当指针指向一个文件时,这个结构中记载文件的各种属性以及文件读写的位置,这个结构是由系统自动管理的,从编程角度出发,程序中只需定义一个文件型指针变量,随后,对文件的读写都是通过文件指针进行的。

2. 打开文件。

在使用文件之前,需打开文件。在 C 语言中使用 fopen 函数打开文件,格式为

```
fopen(文件名,文件使用方式);
```

此函数返回一个指向 FILE 类型的指针,如:

```
FILE * fp;
fp = fopen("file_1","r");
```

它表示要打开名字为 file_1 的文件,使用文件方式为“读”。如果函数调用成功,fp 就指

向 file_1,否则返回 NULL;如果打开文件失败,而强行对文件进行读写,会造成程序崩溃,所以为了保证文件的正确使用,要进行测试。

```
if((fp = fopen("file_1","r")) == NULL)
{
printf("Cannot open this file\n");
exit(0);
}
```

在打开一个文件时,通知给编译系统以下 3 个信息。

(1) 需要打开的文件名(此例中的 file_1)。

(2) 使用文件的方式是"读"还是"写"等(此例中的 r)。

(3) 让哪一个指针变量指向被打开的文件(此例中的 fp)。

最常用的文件使用方式及其含义如下。

(1) r 方式:只能从文件读入数据而不能向文件写入数据。该方式要求要打开的文件已经存在。

(2) w 方式:只能向文件写入数据而不能从文件读入数据。如果文件不存在,则创建文件;如果文件存在,则原来文件被删除,然后重新创建文件(相当于覆盖原来文件)。

(3) a 方式:在文件末尾添加数据,而不删除原来文件。该方式要求要打开的文件已经存在。

(4) +(r+,w+,a+):均为可读、可写。但是 r+、a+ 要求文件已经存在,w+ 无此要求;r+ 打开文件时文件指针指向文件开头,a+ 打开文件时文件指针指向文件末尾。

(5) b/t 方式:以二进制或文本方式打开文件。默认是文本方式时,t 可以省略。

(6) 程序开始运行时,系统自动打开 3 个标准文件:标准输入、标准输出和标准出错输出。一般这 3 个文件对应于终端(键盘、显示器)。这 3 个文件不需要手工打开,就可以使用。

3. 关闭文件。

程序对文件的读写操作完成后,必须关闭文件,以保证文件的完整性。

其格式为:

```
fclose(文件指针);
```

1) fclose(fp):关闭 fp 对应的文件,并返回一个整数值。

若成功地关闭了文件,则返回一个 0 值;否则返回一个非 0 值。

2) fcloseall:同时关闭程序中已打开的多个文件(标准设备文件除外),将各文件缓冲区未装满的内容写到相应的文件中去,并释放这些缓冲区,返回关闭文件的数目。

4. 文件读写。

可以用以下几组函数实现对文件的读写。

1) 以字符为单位的读写。

```
fgetc(fp)
```

它表示从 fp 所指向的文件读一个字符,字符由函数返回。若输入成功则返回值为输入的字符;若执行 fgetc 函数时遇到文件结束符 EOF,则返回-1。

```
fputc(fp,ch)
```

该函数把字符变量 ch 的值写入由指针变量 fp 所指向的文件中。如果输出成功,则返回值就是输出的字符;如果输出失败,则返回 EOF(-1)。每次写入一个字符,文件位置指针自动指向下一个字节。

2)以字符串为单位的文件读写。

(1)fgets 函数。

fgets 函数用来从文件中读入字符串。调用形式如下:

```
fgets(str,n,fp);
```

该函数的功能是从 fp 所指文件中读入 n-1 个字符放入 str 为起始地址的空间内;如果在未读满 n-1 个字符时,则遇到换行符或一个 EOF 结束本次读操作。

(2)fputs 函数。

fputs 函数把字符串输出到文件中。函数调用形式如下:

```
fputs(str,fp);
```

函数向 fp 所指向的文件写入以 str 为首地址的字符串。该字符串以空字符'\0'结束,但此字符将不写入到文件中去。str 指向的字符串也可以用数组名或字符串常量代替。该函数正确执行后将返回写入的字符数,如果出错将返回-1。

3)格式化读写。

(1)fscanf 函数。

fscanf 能从文本文件中按格式输入,和 scanf 函数相似,但输入数据的来源是磁盘上文本文件中的数据。其调用形式为:

```
fscanf(文件指针,格式控制字符串,输入项表)
```

例如:

```
fscanf(fp,"%d%d",&a,&b);
```

(2)fprintf 函数。

fprintf 函数按格式将内存中的数据转换为对应的字符,并以 ASCII 码形式输出到文本文件中。其调用形式如下:

```
fprintf(文件指针,格式控制字符串,输出项表)
```

例如:

```
fprintf(fp,"%d %d",x,y);
```

4）块读写。

fread 和 fwrite 函数用来读写二进制文件。它们的调用形式如下：

```
fread(buffer,size,count,fp);
fwrite(buffer,size,count,fp);
```

其中：

buffer：要输入或输出的数据块的首地址。

count：每读写一次，输入或输出数据块的个数。

size：每个数据块的字节数。

fp：文件指针。

5）读/写函数的选用原则。

（1）读/写一个字符（或字节）数据时：选用 fgetc 和 fputc 函数。

（2）读/写一个字符串时：选用 fgets 和 fputs 函数。

（3）读/写一个（或多个）不含格式的数据时：选用 fread 和 fwrite 函数。

（4）读/写一个（或多个）含格式的数据时：选用 fscanf 和 fprintf 函数。

5. 文件的随机读写

直接读写文件中的某一个数据项，而不是按照文件中的物理顺序逐一读写，这样的读写方式称为随机读写。

1）fseek 函数。

fseek 函数用来移动文件位置指针到指定的位置上，接着的读或写操作将从此位置开始。函数的调用形式如下：

```
fseek(pf,offset,origin)
```

其中：

pf：文件指针。

offset：以字节为单位的位移量，为长整型。

origin：起始点，用来指定位移量是以哪个位置为基准的。origin 的值可能为 SEEK_SET、SEEK_END 或 SEEK_CUR。

- SEEK_SET 的值为 0，表示相对于文件开始移动指针（文件开始处）。
- SEEK_END 的值为 2，表示相对文件末尾移动指针（文件结束处）。
- SEEK_CUR 的值为 1，表示相对文件当前位置移动指针（当前位置）。

例如：

```
fseek(fp,8L,SEEK_SET);          //把文件指针从文件开头移到第8字节处
fseek(fp, - 3L,SEEK_CUR);       //把文件指针从现行位置往回移动3字节
fseek(fp, - 15L,SEEK_END);      //把文件指针从文件尾向前移动15字节
```

2）ftell 函数。

ftell 函数用以获得文件当前位置指针的位置，函数给出当前位置指针相对于文件开头的字节数。例如：

```
long t;
t = ftell(pf);
```

当函数调用出错时,函数返回−1L。

3) rewind 函数。

调用形式为:

```
rewind(pf);
```

该函数的功能是使文件的位置指针回到文件的开头。移动成功时,返回值为 0,否则返回一个非 0 值。

12.3　实验内容

1. 利用 fputc 和 fgetc 函数,建立一个文本文件 1.txt,并显示文件中的内容。

程序提示:

```c
# include < stdio. h >
# include < conio. h >
# include < stdlib. h >
# include < string. h >
int main()
{   FILE * fp;                                    /* 定义一个文件指针变量 fp */
    int c;                                        /* c 为存放字符的变量 */
    char filename[40];                            /* filename 用于存放数据文件名 */
    char typefile[50] = "type";                   /* typefile 用于存放 type 命令字符串 */
    printf("filename:");                          /* 提示输入磁盘文件名 */
    gets(filename);
    if ((fp = fopen(filename,"w")) == NULL)
    {   printf("Can't open the % s\n", filename);
        getch();
        exit(1);
    }
    printf("Input character(end of Enter):n");
    while ((c = getchar())!= '\n')                 /* 键盘文件结束标志: '\n' */
    fputc(c, fp);                                  /* 将键盘输入的字符写到文件中 */
    fclose(fp);                                    /* 建立文件结束,关闭文件 */
    printf("outfile:\n");
    fp = fopen(filename,"r");                      /* 以读方式打开文本文件 */
    while ((c = fgetc(fp))!= EOF)                  /* 未读到文件结束标志时 */
    putchar(c);                                    /* 在显示器显示读出的字符 */
    fclose(fp);                                    /* 读文件结束,关闭文件 */
    printf("\ntype % s\n",filename);
    system(strcat(typefile,filename));            /* 用 type 命令再打印文件内容 */
    printf("\n");
    getch();
    return 0;
}
```

2. 将文件 1. txt 中所有的英文小写字母转换为成大写字母,然后输出到另一文件 2. txt 中。

程序提示:

```
int main()
{  FILE * fp;                        /* 定义一个文件指针变量 fp */
   char filename[40],str[81];
   prinf("filename: ");             /* 提示输入磁盘文件名 */
   gets(filename);
   if ((fp = fopen(filename,"w")) == NULL)
                                    /* 在磁盘中新建并打开一个文本文件,同时测试是否成功 */
   {  printf("Can't open the % s\n",filename);
      getch();
      exit(1);
   }
   printf("Input string(end of Enter Enter);\n");
   while (strlen( gets(str))> 0)     /* 键盘输入空串(即仅按 Enter 键),则输入全部结束 */
   {
      fputs(str,fp);               /* 将键盘输入的字符串写到文件中 */
      fputc('\n',fp);              /* 在文件中加入换行符作为字符串分隔符 */
   }
   fclose(fp);                       /* 建立文件结束,关闭文件 */
   printf(" outfile:\n");
   fp = fopen(filename,"r");         /* 以读方式打开文本文件 */
   while((fgets(str,81,fp))!= NULL)  /* 从文件读取字符串并测试文件是否已读完 */
   printf(" % s",str);              /* 将文件中读取的字符串分行显示 */
   fclose(fp);                       /* 读文件结束,关闭文件 */
   printf("\n");
   getch();
   return 0;
}
```

3. 建立一个程序,用于产生 200 组算式,每组包括一个两位数的加法、减法(要求被减数要大于减数)、乘法和两位数除以一位数的除法算式,每一组为一行,将所有的算式保存到文本文件 d:\a. txt 中。

程序提示:

```
# include < stdio. h >
# include < stdlib. h >
void main()
{  FILE * fp;
   int i,a,b,t;
   fp = fopen("d:\\a. txt","w");
   for(i = 1;i < = 200;i++)
      {
         a = rand( ) % 100;b = rand( ) % 100;
         if(b < 2) b = b + 2;
         fprintf(fp,"\t % 2d + % 2d =      ",a,b);
```

```
        a = rand() % 100; b = rand() % 100;
        if(a < b) {t = a; a = b; b = t;}
        fprintf(fp,"\t % 2d − % 2d =      ",a,b);
        a = rand() % 100; b = rand() % 100;
        fprintf(fp,"\t % 2d × % 2d =      ",a,b);
        a = rand() % 100; b = rand() % 10;
        if(b < 2) b = b + 2; if(a < 10) a = a + 10;
        fprintf(fp,"\t % 2d ÷ % 2d =      ",a,b);
        fprintf(fp,"\n");
    }
    fclose(fp);
}
```

在记事本、写字板或 Word 中打开 d：\a. txt 文件,查看文件内容是否正确。向 d：\a. txt 文件追加 100 组算式,每组算式包括一个一位数的加法、减法。

程序提示：对程序进行适当修改(修改打开方式为追加方式)。

12.4　设计题

1. 用格式化输入输出语句将若干学生信息保存到文件中,再从文件中读出这些信息并显示。

2. 从键盘输入若干字符,将其添加到文本文件 string. txt 的末尾。

3. 用块读写语句将将若干学生信息保存到文件中,再从文件中读出并显示。

4. 编写一个程序,实现对任意文件的复制。

5. 有两个磁盘文件 A 和 B,每个磁盘文件各存放一行字母,要求把这两个文件中的信息合并(按字母顺序排列),输出到一个新文件 C 中。

第 13 章　　　　　　　　　　位　运　算

13.1　实验目的

1. 掌握按位的概念和方法,学会使用位运算符。
2. 了解位运算的规则及用途。
3. 学会通过位运算实现对某些位的操作。

13.2　课程内容与语法要点

位运算是对整数进行的基于二进制的按位运算,所以这些运算只能用于带符号的或无符号的 char、short、int 与 long 类型。

1. "按位与"运算(&)。

按位与是指参加运算的两个数据,按二进制位进行"与"运算。如果两个相应的二进制位都为 1,则该位的结果值为 1;否则为 0。这种运算规则表明,一个位与 0 按位与,结果为 0;一个位与 1 按位与,结果与原数相同。因此,"按位与"运算在程序中通常的用法如下。

1) 清零。

若想对一个存储单元清零,即使其全部二进制位为 0,只要将该数与 0 进行"按位与"运算即可。

2) 保留指定位。

若有一个整数 a,想要保留其中某些位而屏蔽其他位(就是使这些位为 0),可设计一个整数,在 a 要保留的位上为 1,在 a 要屏蔽的位上取 0,将这个数与 a 进行"按位与"运算即可。

2. "按位或"运算(|)。

两个相应的二进制位中只要有一个为 1,该位的结果值为 1。

"按位或"运算常用来对一个数据的某些位定值为 1。例如,如果想使一个数 a(设为 2字节)的低 4 位改为 1,则只需要将 a 与二进制数 0000000000001111 进行"按位或"运算即可。

3. "异或"运算(^)。

若参加运算的两个二进制值相同则为 0,不同则为 1。

即:$0 \wedge 0 = 0, 0 \wedge 1 = 1, 1 \wedge 0 = 1, 1 \wedge 1 = 0$。

应用:

1) 使指定位翻转,其他位不变。

某位与 1 异或结果翻转,与 0 异或值不变。例如:设有二进制数 01111010,欲使其低 4 位翻转,即 1 变 0,0 变 1,且高 4 位不变,可以将其与 00001111 进行"异或"运算。

2) 清零。

若有变量 a,a∧a 将会使 a 中的值为 0。

4. "取反"运算(~)。

一元运算符,用于求整数的二进制反码,即分别将操作数各二进制位上的 1 变为 0,0 变为 1。

5. 左移运算(<<)。

左移运算是用来将一个数的各二进制位左移若干位,移动的位数由右操作数指定(必须是非负值),其右边空出的位用 0 填补,高位左移溢出则舍弃该高位。例如:将 a 的二进制数左移 2 位,右边空出的位补 0,左边溢出的位舍弃。若 a=15,即二进制数为 00001111,将其左移 2 位得 00111100。

可见,在没有溢出的前提下,左移 1 位相当于该数乘以 2。

6. 右移运算(>>)。

右移运算用来将一个数的各二进制位右移若干位,移动的位数由右操作数指定(必须是非负值),移到右端的低位被舍弃。对于无符号数,高位补 0;对于有符号数,左边空位上填入的数视具体处理器而定,有些机器将对左边空出的部分用符号位填补(即"算术移位"),有些机器则对左边空出的部分用 0 填补(即"逻辑移位")。

7. 位运算与赋值运算。

位运算符与赋值运算符可以组成复合赋值运算符。如:&=,|=,>>=,<<=,∧=。

例如:a&=b 相当于 a=a&b,a<<=2 相当于 a=a<<2。

13.3 实验内容

1. 编程将一个十六进制整数(占 2 字节)的各位循环左移 4 个二进制位,如 2fe1 循环左移 4 个二进制位后为 fe12。

程序提示:可先取出十六进制整数的最高 4 个二进制位,然后将该整数左移 4 个二进制位,最后将先前取出的最高 4 个二进制位放入最低 4 个二进制位。

具体步骤如下:

1) 取出十六进制整数 x 的最高 4 个二进制位至 y:y=x>>(16-4)&0xf。

2) 将整数 x(占 2 字节)左移 4 个二进制位:x=(x<<4)&0xffff。

3) 将先前取出的最高 4 个二进制位放入最低 4 个二进制位:x=x|y。

main 函数内容如下:

```
int x,y;
scanf("%x",&x);
y=x>>(16-4)&0xf;
x=(x<<4)&0xffff;
x=x|y;
```

2. 编写一个程序,检查所用的计算机系统的 C 编译在执行右移时是按照逻辑右移的原则,还是按照算术右移的原则进行操作。如果是逻辑右移,则编写一个函数实现算术右移;如果是算术右移,则编写一个函数实现逻辑右移。

程序提示:

```
unsigned getbits1(unsigned value,int n)
{
    unsigned z;
    z = ~0;
    z = z >> n;
    z = ~z;
    z = z|(value >> n);
    return(z);
}
unsigned getbits2(unsigned value,int n)
{
    unsigned z;
    z = (~(1 >> n))&(value >> n);
    return z;
}
```

main 函数内容如下:

```
int a,n,m;
    unsigned getbits1(unsigned value,int n);
    unsigned getbits2(unsigned value,int n);
    a = ~0;
    if((a >> 5)!= a)
    {
        printf("\nlogical move!\n");
        m = 0;
    }
    else
    {
        printf("\n arithmetic move!\n");
        m = 1;
    }
    printf("Input an octal number:");
    scanf(" % o",&a);
    printf("\nHow many digit move owards the right:");
    scanf(" % d",&n);
    if(m == 0)
        printf("\nArithmetic right move,result: % o\n",getbits1(a,n));
    else
        printf("Logical right move,result: % o",getbits2(a,n));
```

3. 编写一个函数 getbits,从一个 16 位的单元中取出某几位(即这几位保留原值,其余位为 0),函数调用形式如下:

```
getbits(value,n1.n2)
```

其中,value 为该 16 位数的值,n1 为欲取出的起始位,n2 为欲取出的结束位。要求用八进制数输出这几位。

注意:应先将这几位右移到最右端,然后用八进制形式输出。

程序提示:

```
unsigned getbits(unsigned value, int n1.int n2)
{
    unsigned z;
    z = ~0;
    z = (z >> n1)&(z <<(16 - n2));
    printf(" % o",z);
    z = value&z;
    z = z >>(16 - n2);
    return z;
}
```

4. 设计一个函数,给出一个数的原码,输出该数的补码。

程序提示:

```
unsigned getbits(unsigned value)
{
    unsigned int z;
    z = value&0100000;
    if(z == 0100000)
    z = ~value + 1;
    else
    z = value;
    return z;
}
```

13.4　实验题

1. 从键盘上输入一个字符串,将其中的各字符与某数进行"异或"运算以加密这个字符串,显示加密后的字符串;再用同样的数对加密后的字符串进行"异或"运算便可解密字符串,输出解密后的字符串。

2. 用位运算判断一个整数是否为负偶数。

3. 编写一个函数,对一个 16 位的二进制数取出它的奇数位(即左起第 1,3,5,…,15 位)。

第二部分
课程设计与案例

第 14 章　C 语言程序课程设计

14.1　课程设计的目的和基本要求

1. 课程设计的目的。

课程设计是对学生的一种全面的综合训练,是与课堂听讲、自学和练习相辅相成的、必不可少的一个教学环节。其目的在于培养学生独立分析问题和解决问题的能力,为学生提供一个动手、动脑和独立实践的机会。通常,课程设计中的问题比平时的习题复杂得多,也更接近实际。课程设计着眼于原理与应用的结合点,使学生学会如何把书上学到的知识用于解决实际问题,培养软件开发所需要的动手能力;另外,能使书上的知识变"活",起到深入理解和灵活掌握教学内容的目的。此部分的课程设计将课本上的理论知识和实际应用问题有机地结合起来,以提高学生程序设计、调试等项目开发技能,培养学生综合运用所学理论知识分析和解决实际问题的能力,锻炼学生的自主学习和协作能力。

2. 课程设计的基本要求。

(1) 要求利用 C 语言面向过程的编程思想来完成系统的设计。

(2) 突出 C 语言的函数特征。

(3) 绘制功能模块图。

(4) 对选定题目完成以下几部分内容:功能需求分析、总体设计、详细设计、编码与测试、撰写设计文档。

(5) 具有清晰的数据结构的详细定义。

14.2　课程设计选题

1. 职工信息管理系统设计。

职工信息包括职工号、姓名、性别、年龄、学历、工资、地址、电话等(职工号不重复)。试设计一个职工信息管理系统,使之提供以下功能(系统以菜单方式工作,用键盘输入数字 1~5 来选择功能)。

(1) 职工信息录入功能(职工信息用文件保存)。

(2) 职工信息浏览功能。

(3) 查询功能:按职工号查询或按学历查询。

(4) 信息删除功能:按职工姓名删除,要提供文件记录的删除操作。

(5) 信息修改功能:如把有研究生学历职工的工资增加 500 元,要提供文件记录的修改操作。

数据结构采用结构体,设计职工信息结构体:

```
struct employeeinfo
{
  char jobno[10];              //职工号
  char name[20];               //姓名
  char sex;                    //性别
  int age;                     //年龄
  char edulevel[10];           //学历
  float salary;                //工资
  char addr;                   //地址
  char tel[11];                //电话
}empinfo;                      //职工信息结构体
```

各功能模块采用菜单方式选择。

(1)职工信息录入模块。

采用 fwrite 或 fprintf 函数把职工信息写入职工信息文件中。

(2)职工信息浏览模块。

分屏显示职工信息,每屏 10 条记录,按任意键显示下一屏。读文件(采用 fread 或 fscanf 函数)然后显示即可。

(3)职工信息查询模块。

通过菜单选择查询方式,提供按学历查询和按职工号查询两种查询方式。采用基本查找算法即可。

(4)职工信息删除模块。

通过菜单选择删除操作,由于 C 语言没有提供直接删除文件记录的函数,因而需要自己实现:读记录,判断是否要删除(与输入的要删除的记录比较),如果要删除,则舍弃;否则重新写入文件。

(5)职工信息修改模块。

通过菜单选择修改操作,修改操作与删除操作类似,只是判断是否是要修改的记录,如果是,则把修改后的记录写入文件,否则直接写入文件。

2. 图书信息管理系统设计。

图书信息包括登录号、书名、作者名、分类号、出版单位、出版时间、价格、存在状态(已借和已还)、借书人姓名、借书人性别、借书人学号等。试设计一个图书信息管理系统,使之能提供以下功能(系统以菜单方式工作,用键盘输入数字 1~5 来选择功能)。

(1)图书信息录入功能:图书信息用文件保存。

(2)图书信息浏览功能。

(3)查询功能:按书名查询或按作者名查询(至少一种查询方式)。

(4)图书信息的删除:按照存在状态删除,把已还的图书信息删除。

(5)图书信息的修改:按照存在状态修改,把已借的图书信息改为已还的状态。

数据结构采用结构体,设计图书信息结构体:

```
struct
{
    char loginno[10];              //登录号
    char name[20];                 //书名
    char author[20];               //作者名
    char classno[10];              //分类号
    char publisher[10];            //出版单位
    char pubtime[20];              //出版时间
    float price;                   //价格
    char sta;                      //存在状态(已借 f 或已还 t)
    char stuname[20];              //借书人姓名
    char stusex;                   //借书人性别
    char stuno[12];                //借书人学号
}bookinfo;                         //图书信息结构体
```

各功能模块采用菜单方式选择。

（1）图书信息录入模块。

采用 fwrite 或 fprintf 函数把图书信息写入图书信息文件。

（2）图书信息浏览模块。

分屏显示图书信息，每屏 10 条记录，按任意键显示下一屏。读文件（采用 fread 或 fscanf 函数）然后显示即可。

（3）图书信息查询模块。

通过菜单选择查询方式，提供按书名查询和按作者名查询两种查询方式。采用基本查找算法即可。

（4）图书信息删除模块。

通过菜单选择删除操作，读记录，判断是否要删除（与输入的要删除的记录比较），如果要删除，则舍弃；否则重新写入文件。

（5）图书信息修改模块。

通过菜单选择修改操作，修改操作与删除操作类似，只是判断是否是要修改的记录，如果是，则把修改后的记录写入文件，否则直接写入文件。

3．学生信息管理系统设计。

学生信息包括学号、姓名、年龄、性别、出生年月、地址、电话、E-mail 等。试设计一个学生信息管理系统，使之能提供以下功能（系统以菜单方式工作，用键盘输入数字 1~5 来选择功能）。

（1）学生信息录入功能：学生信息用文件保存。

（2）学生信息浏览功能。

（3）查询功能：按学号查询或按姓名查询（至少一种查询方式）。

（4）学生信息的删除：按学号进行删除。

（5）学生信息的修改：按学号进行修改某学生的姓名。

4．工资管理系统设计。

工资信息包括工资卡号、姓名、月份、应发工资、水费、电费、税金、实发工资等。试设计一个工资管理系统，使之能提供以下功能（系统以菜单方式工作，用键盘输入数字 1~6 来选择功能)。

(1) 信息录入功能:工资信息用文件保存。

(2) 信息添加功能:增加新的职工工资信息。

(3) 信息浏览功能。

(4) 信息排序功能:按照工资卡号升序、实发工资降序以及姓名字典序排序。

(5) 信息查询功能:实现按照工资卡号和姓名的查询(至少一种查询方式)。

(6) 信息统计:输入起止月份,统计起止月份之间的实发工资金额。

工资信息采用结构体数组:

```
struct salary_info
{
    int card_no;                    //工资卡号
    char name[20];                  //姓名
    int month;                      //月份
    float init_salary;              //应发工资
    float water_rate;               //水费
    float electric_rate;            //电费
    float tax;                      //税金
    float final_salary;             //实发工资
}si[max];                           //si[max]中每个数组元素对应一个职工工资信息
```

主函数提供输入、处理和输出部分的函数调用,各功能模块采用菜单方式选择。

(1) 工资信息录入模块。

按照工资卡号、姓名、月份、应发工资、水费、电费的顺序输入信息,税金和实发工资根据输入的信息进行计算得到,这些信息被录入到文件中。

税金的计算:

```
if(应发工资<=1500)
    税金=0;
else if (应发工资>1500&&应发工资<=3000)
    税金=(应发工资-1500)*5%;
else if (应发工资>3000)
    税金=(应发工资-3000)*10%;
```

实发工资=应发工资-水费-电费-税金。

(2) 工资信息添加模块。

增加新的职工工资信息,从键盘输入并逐条写到原来的输入文件中,采用追加而不是覆盖的方式(以 ab 方式打开文件)。

(3) 工资信息浏览模块。

分屏显示职工工资信息,可以指定 10 个一屏,按任意键显示下一屏。通过菜单选择按照工资卡号或者姓名浏览。如果按照工资卡号浏览,则显示的记录按照卡号升序输出;如果按照姓名浏览,则按照字典序输出(调用排序模块的排序功能)。

(4) 工资信息排序模块。

排序模块提供菜单选择,实现按照工资卡号升序、实发工资降序以及姓名字典序排序。

排序方法可以选择冒泡排序、插入排序、选择排序等。

（5）工资信息查询模块。

实现按照工资卡号和姓名的查询，采用基本的查找方法即可。

（6）工资信息统计模块。

输入起止月份，按照职工卡号和月份查询记录，把起止月份之间的实发工资金额累加。

提示：在数据输入及添加模块尾部添加排序功能，使得文件中的数据按照卡号排序。这样在查询模块和统计模块可以采用折半查找以提高效率。

5. 学生学籍信息管理系统设计。

学生学籍信息包括学生基本信息和学生成绩基本信息。学生基本信息有学号、姓名、性别、宿舍号、手机号等；学生成绩基本信息有学号、课程编号、课程名称、课程学分、平时成绩、实验成绩、期末成绩、综合成绩、所获学分等。试设计一个学生学籍信息管理系统，使之能提供以下功能（系统以菜单方式工作，用键盘输入数字 1～4 来选择功能）。

（1）信息录入功能。

（2）信息查询功能：可查询学生基本信息和成绩。

（3）信息删除功能：按学生学号删除。

（4）信息排序功能。

学生基本信息和学生成绩基本信息结构体数组如下：

```
struct
{
    int stuno;                //学号
    char name[20];            //姓名
    char sex[2];              //性别
    int   domnum;             //宿舍号
    int   tel;                //手机号
}stuinfo;                     //学生基本信息结构体
struct
{
    int stuno;                //学号
    char courseno;            //课程编号
    char coursename;          //课程名称
    int credithour;           //课程学分
int trigrade;                 //平时成绩
int experigrade;              //实验成绩
int examgrade;                //期末成绩
float totalgrade;             //综合成绩
float finalcrehour;           //所获学分
}stugrainfo;                  //学生成绩基本信息结构体
```

各功能模块采用菜单方式选择。

（1）信息录入模块。

学生基本信息文件可以在磁盘建立，采用写文件方式录入学生成绩基本信息。通过计算得到综合成绩和所获学分。

（2）信息查询模块。

通过菜单选择查询功能，再选择学生基本情况查询和成绩查询，若选择前者，再通过菜单选择学号、姓名或宿舍号，按照基本查找算法查找 a.txt，然后把查找结果输出；若选择后者，则先在 a.txt 中查找学号对应的姓名，再在 b.txt 中查找该学生的课程情况，并统计科目和所获总学分，输出结果（fread 和查找算法的应用）。

（3）信息删除模块。

通过菜单选择删除学生的功能，输入要删除学生的学号，则分别在 a.txt 和 b.txt 中查找该生信息，删除之；或者输入学生的姓名，先在 a.txt 中得到该生的学号，删除该生信息，再在 b.txt 中删除该学号对应的信息。

注意：C 语言中没有直接删除信息的函数，需要自己实现，可以采取读出数据、判断数据（如果不删除，则进入缓冲区，否则删除）、写入数据（把缓冲区中的数据写入文件）的步骤进行。

（4）信息排序模块。

通过菜单选择排序依据，采用排序算法（冒泡、插入、选择等）对数据进行排序并输出结果。

注意：首先要读文件（用 fread 函数）。

6. 通讯录管理系统设计。

通讯录信息包括姓名、工作单位、手机号、微信号、qq 号、email 等。试设计一个通讯录管理系统，使之能提供以下功能（系统以菜单方式工作，用键盘输入数字 1～5 来选择功能）。

（1）信息录入功能。

（2）信息浏览功能。

（3）信息查询功能：按姓名查询或按手机号查询等。

（4）信息删除功能：按姓名删除，要提供文件记录的删除操作。

（5）信息修改功能：要提供文件记录的修改操作。

采用结构体数组。

```
struct
{
    char name[20];        //姓名
    char post[20];        //工作单位
    int  tel;             //手机号
    char weixin[20];      //微信号
    int  qq;              //qq 号
    char email[20];       //email
}telinfo;                 //通讯录信息结构体
telinfo telinfo[n];       //通讯录信息结构体数组
```

各功能模块采用菜单方式实现。

（1）信息录入模块。

输入数据，然后采用追加方式写文件（以 wb 方式打开文件，再用 fwrite 函数写入）。

（2）信息浏览模块。

采用分屏显示，每屏 10 条记录。用 fread 或 fscanf 函数读文件，输出结果。

（3）信息查询模块。

用基本查找算法对电话簿实现按姓名或电话号码等的查询（读文件，把读出记录的相应字段与输入的查询字段比较），并把结果输出。

（4）信息删除模块。

删除一条记录，则输入要删除的姓名，然后读文件，把文件中读出来的记录的姓名与待删除的姓名比较，如果不匹配，则重新写入文件；否则舍弃不再写入文件。

（5）数据修改模块。

通过菜单选择修改姓名、电话号码等信息。可以把要修改的姓名或电话号码等存储在临时变量中，然后读文件，找到要修改的记录，把该记录重新以新的值写入。

7. 学生选课管理系统设计。

学生选课信息包括课程信息、学生选课信息，课程信息包括课程编号、课程名称、课程性质、课程学分、理论学时、实践学时、总学时、开课学期等；学生选课信息包括学号、课程编号、课程名称等。试设计一个学生选课管理系统，使之能提供以下功能（系统以菜单方式工作，用键盘输入数字 1～3 来选择功能）。

（1）信息录入功能：用文件保存。

（2）信息查询功能：可按课程编号、课程名称、课程性质等对课程信息进行查找。

（3）信息浏览功能。

数据结构采用结构体，这里采用课程信息结构体和学生选课信息结构体。

```
struct
{
    char coursecode[10];            //课程编号
    char coursename[20];            //课程名称
    char coursetype[10];            //课程性质
    float credithour;               //课程学分
    int  classperiod;               //理论学时
    int  experiperiod;              //实践学时
    int  totalperiod;               //总学时
    int  term;                      //开课学期
}courseinfo[n];                     //课程信息结构体
struct
{
    int stuno;                      //学号
    char coursecode[10];            //课程编号
    char coursename[20];            //课程名称
}stucourinfo[n];                    //学生选课信息结构体
```

各功能模块采用菜单方式实现。

（1）信息录入模块。

从键盘输入课程信息和学生选课信息，写入文件（用 fwrite、fprintf 函数）。

（2）信息查询模块。

通过菜单选择查询字段，可以按照课程编号、课程名称、课程性质、开课学期、课程学分等对课程信息文件进行查找，查找算法可以选用基本查找、折半查找等算法。

可以通过菜单选择课程编号或课程名称,在学生选课信息文件中查询该课程的学生选修情况。

（3）信息浏览模块。

分屏显示课程信息,每屏 10 条课程记录,按任意键继续。从文件中读数据(用 fread、fscanf 函数),然后再显示。

8. 实验设备管理系统设计。

实验设备信息包括设备编号、设备种类、设备名称、设备价格、设备采购时期、设备报废否、报废日期等。试设计一个实验设备管理系统,使之能提供以下功能(系统以菜单方式工作,用键盘输入数字 1～5 来选择功能)。

（1）实验设备信息录入功能:用文件保存。

（2）实验设备信息添加功能:追加方式写入文件。

（3）实验设备信息修改功能。

（4）实验设备分类统计功能:可按设备种类、设备名称等对设备进行分类。

（5）实验设备查询功能。

数据结构采用结构体,设计实验设备信息结构体:

```
struct equipmentinfo
{
    char equipcode[10];        //设备编号
    char equiptype[20];        //设备种类
    char equipname[20];        //设备名称
    float equipprice;          //设备价格
    char buydate[20];          //设备采购日期
    int   scrap;               //是否报废,0 表示没有报废,1 表示报废
    char scrapdate[20];        //报废日期
}equinfo;                      //实验设备信息结构体
```

各功能模块采用菜单方式实现。

（1）实验设备信息录入模块。

采用 fwrite 或 fprintf 函数把实验设备基本信息写入实验设备信息文件。

（2）实验设备信息添加模块。

添加设备时,采用 fwrite 或 fprintf 函数把添加的设备基本信息采用追加的方式写入设备信息文件。

（3）实验设备信息修改模块。

修改设备信息,则需要读文件,判断信息是否是要修改的设备的信息,如果是,则修改,重新写入文件;否则直接重新写入文件。

（4）实验设备分类统计模块。

根据给定的分类标准(设备种类、设备名称、设备采购日期等)对文件的记录进行排序,排序方法可以选择冒泡、插入、选择等方法。然后采用查找算法查找同类设备,采用基本的数学运算即可统计同类设备的相关信息,例如数量、价钱等。

（5）实验设备查询模块。

通过菜单选择查询方式，提供按设备编号、设备种类、设备名称、设备采购日期和设备状态为正常（scrap 字段值为 0）这些查询方式查询。采用基本查找算法即可。

9. 校际运动会管理系统。

校际运动会需要记录比赛结果，查看参赛学校的信息和比赛项目信息，查询各个学校的比赛成绩。设计一个校际运动会管理系统，使之能提供以下功能（系统以菜单方式工作，用键盘输入数字 1～5 来选择功能）。

（1）信息录入功能：写入参赛学校、比赛项目、比赛成绩等信息，用文件保存。

（2）信息添加功能：追加方式写入文件。

（3）信息修改功能。

（4）信息查询功能：可按学校、项目名等对信息进行分类。

数据结构采用结构体数组，包括学校、项目、运动员 3 个结构体。

```
struct athlete
{
    char name[20];              //姓名
    int age;                    //年龄
    char from[20];              //来自学校
}athlete;                       //运动员结构体
struct item
{
    char name[20];              //项目名
    int * weight;               //在运行时根据用户的输入动态分配空间
    athlete * player;           //指向获奖运动员信息的指针
}item;                          //项目结构体
struct university
{
    char name[20];              //学校名
    item * item;                //竞赛项目指针，根据用户的输入动态分配空间
    int score;                  //学校得分
}uni;                           //学校结构体
item totalitem[itemnum];        //项目结构体数组
uni alluni[uninum];             //学校结构体数组
```

（1）主函数。

提供输入、处理和输出部分的函数调用，各功能模块采用菜单方式选择。

（2）信息输入模块。

输入参赛学校总数，m 表示男子参赛项目数，w 表示女子参赛项目数。

把参赛学校信息和项目信息以及运动员信息录入文件（用 fwrite 函数），建立 3 个文件。

例如，第 i 个项目：

```
scanf("%s",totalitem[i].name);      //输入项目名
ch = getchar();                     //通过输入 1,2,3 来选择项目名次取法
switch(ch)
```

```
{
    case '1': n = 5; break;
    case '2': n = 3; break;
    case '3': printf("取前几名?", &n); break;
    default: break;
}
totalitem[i].weight = new int[n];
totalitem[i].athlete = null;           //指向获奖运动员信息,初始化为空
```

然后打开并写入文件:

```
fp = fopen("item.txt","wb");
fwrite(&totalitem[i],sizeof(item),1,fp);
```

学校信息和运动员信息的录入与此类似。

(3) 比赛结果录入模块。

通过菜单选择进入比赛结果录入模块,更改 totalitem[i].athlete 的值,并把获奖名单保存到项目文件中。项目文件格式为:

项目名 项目权值(按照第一名,第二名…给出权值) 获奖运动员信息(按照第一名,第二名…给出)

(4) 查找模块。

查找学校信息文件,生成团体总分报表;用基本查找算法查询参赛学校信息(按照校名查找)或者比赛项目信息(按照项目名)。

10. 单项选择题标准化考试系统设计。

程序要求:

(1) 用文件保存试题库:每个试题包括题干、4 个备选答案和标准答案)。

(2) 试题录入:可随时增加试题到试题库中。

(3) 试题抽取:每次从试题库中可以随机抽出 n 道题(n 由键盘输入)。

(4) 答题:用户可实现输入自己的答案。

(5) 自动判卷:系统可根据用户答案与标准答案的对比实现判卷并给出成绩。

11. 五子棋。

程序要求:

(1) 由两个玩家分别下棋,当某个玩家五子相连时,则获胜。

(2) 界面要求:初始状态——显示棋盘,并显示两个玩家的操作键及初始玩家号;游戏进行状态——动态显示棋盘,不同玩家的棋子用不同符号显示,屏幕上显示当前玩家号,结束时显示赢家号。

注意:该程序需要用到图形功能,需自学图形系统函数和键盘输入。

12. 迷宫游戏。

程序要求:

(1) 随机生成迷宫,找出由入口经过迷宫到达出口的一条路径,允许选择人或计算机找出路。

（2）界面要求：初始状态——显示迷宫的图面；用箭头指出入口处和出口处；游戏进行状态——选择人找出路时，显示每一步的结果，到边界和遇上障碍，发出"嘟"的叫声。走到出口处，应给出"胜利"的字样；选择计算机找出路时，用一条有颜色的线画出路径，若找不到出口则显示"无出路"的字样。

（3）计算机找出路部分可选做。

注意：该程序需要用到图形功能，需自学图形系统函数和键盘输入。

13. 组数游戏。

程序要求：

（1）输入正整数的个数 n，输出 n 个数连接成的最大的多位数。找出 n 个数中最大数字的位数，然后将所有的数字通过后面补 0 的方式扩展成为最大位数。把变换后的 n 位数从大到小排序，然后把添加的 0 去掉，按顺序输出的序列即为所求的最大数字。

（2）数据结构采用结构体，由于正整数的位数不确定，可能非常大，因此数据类型采用字符数组。

14. 猜数字游戏。

程序要求：由计算机"想"一个 4 位数，请人猜这个 4 位数是多少。输入这个 4 位数后，计算机首先判断这个 4 位数中有几位猜对了，并且在猜对的数字中又有几位位置也是对的，将结果显示出来，给人以提示，请人再猜，直到猜出计算机所"想"的 4 位数为止。请编程实现该游戏，游戏结束时，显示人猜一个数用了几次。

提示：用库函数 random 产生一个随机数。

例如：

```
int z;
z = random(9999);
```

15. 日历显示。

程序要求：

（1）输入任意一年，将显示出该年的所有月份、日期、对应的星期。

（2）注意闰年的情况。

其显示格式要求如下：

（1）月份：中英文都可以。

（2）下一行显示星期，显示顺序为从周日到周六，中英文都可以。

（3）下一行开始显示日期，从 1 号开始，并按其是周几与上面的星期数垂直对齐。

当输入 2004 时显示如下：

```
input the year: 2004
input the file name: a
the calendar of the year 2004.
```

January								February						
sun	mon	tue	wed	thu	fri	sat		sun	mon	tue	wed	thu	fri	sat
				1	2	3		1	2	3	4	5	6	7
4	5	6	7	8	9	10		8	9	10	11	12	13	14
11	12	13	14	15	16	17		15	16	17	18	19	20	21
18	19	20	21	22	23	24		22	23	24	25	26	27	28
25	26	27	28	29	30	31		29						
=====================								============================						
March								April						
sun	mon	tue	wed	thu	fri	sat		sun	mon	tue	wed	thu	fri	sat
	1	2	3	4	5	6						1	2	3
7	8	9	10	11	12	13		4	5	6	7	8	9	10
14	15	16	17	18	19	20		11	12	13	14	15	16	17
21	22	23	24	25	26	27		18	19	20	21	22	23	24
28	29	30	31					25	26	27	28	29	30	

16. 猜拳游戏。

程序要求:猜拳游戏是由剪刀、石头、布3部分组成。玩家可以在游戏区逐次猜拳,系统会给出玩家每次猜拳后的提示,显示成功、失败或者平手。可以参考图14-1的界面,也可以按自己的设计意图设计界面。

17. 面积计算器。

设计一个程序,用以计算各类图形的面积。面积计算器的功能比较简单,具体要求如下:

(1)要求计算规则图形(直角三角形、普通三角形、矩形、正方形、圆形、梯形)的面积。

(2)以上计算操作是可以反复进行的,直到用户选择退出。

(3)界面友好,如图14-2所示。输入输出要有清晰的提示。

18. 扫雷游戏。

模拟 Windows 自带的扫雷游戏。界面主要由雷区、地雷计数器(位于左上角,记录剩余地雷数)和计时器(位于右上角,记录游戏时间)组成,确定大小的矩形雷区中随机布置一定数量的地雷(初级为 9×9 个方块 10 个雷,中级为 16×16 个方块 40 个雷,高级为 16×30 个方块 99 个雷,自定义级别可以自己设定雷区大小和雷数,但是雷区

图 14-1　猜拳界面

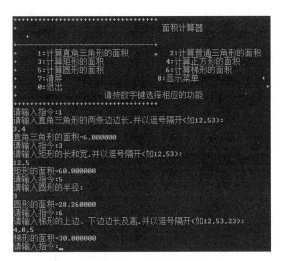

图 14-2　面积计算器

大小不能超过 24×30），玩家需要尽快找出雷区中的所有不是地雷的方块，而不许踩到地雷。游戏的基本操作包括左键单击（left click，即单击）、右键单击（right click，即右击）、双击（double click）3 种。其中单击用于打开安全的格子，推进游戏进度；右击用于标记地雷，以辅助判断，或为接下来的双击做准备；双击用在一个数字周围的地雷已标记完时，相当于对数字周围未打开的方块均进行一次单击操作。

19. 文件移位加密与解密。

文件的传输会有明文和密文的区别，明文发送是不安全的，用一个程序实现发送文件的加密和解密操作。加密算法、密钥设计由同学自己选择现有的加密和解密算法或自己设计。文件移位加密与解密的程序要求：

（1）对文件的字符根据加密算法，实现文件加密。

（2）对操作给出必要的提示。

（3）对存在的 file1.txt 文件，必须先打开，后读写，最后关闭。加密后的文件放在file2.txt 中。

（4）解密文件保存在 file3.txt 中。

备注：将某一已知文件的内容（仅限于英文字母）以字符形式读出，根据密钥（用户从键盘输入）将对应字符进行移位操作即可，解密时移动相反。

例如，对文件加密，设原文为 abcdef，密钥为 5，则将 abcdef 每个字母按字母表向后移动5 位（注：z 后接 a）可得到密文（乱码）fghijkl；对该文件解密，文件内容为 fghijkl，密钥为 5，则将 fghijkl 每个字母向前移动 5 位（注：a 后接 z），可得到原文 abcdef。

20. 计算器的实现。

设计一个简单的计算器，可以实现加、减、乘、除运算。参考 Windows 自带的计算器。

要求实现：

（1）计算加、减、乘、除、乘方、开方。在用户界面上设置两个编辑框，分别用于输入左操作数和右操作数，两个静态文本分别用于显示"="和运算结果，其中 6 个单选按钮用于选择运算符。

C语言程序课程设计

（2）能够存储操作数、操作码和结果；执行算术操作；实现控制功能，如清除、全部清除和改变符号；根据需要产生在计算引擎中存储的量；对外报告错误时，保存内部状态。

实现扩展 1：接收键盘输入；识别操作和数字操作数；通过用户输入产生下一个操作和操作数；显示操作码、操作数、结果、错误；限制错误的输入。

实现扩展 2：建立合适大小的模拟 LCD 窗口；在 LCD 窗口中显示给定的字符串；显示给定的单一字符操作码；清除 LCD 窗口。

第 15 章

贪吃蛇游戏

15.1 设计目的与要求

1. 设计目的。

本程序旨在训练学生的基本编程能力和游戏开发的技巧,本程序中涉及结构体、数组、时钟中断、键盘操作等方面的知识。通过本程序的训练,读者能基本掌握二维数组及结构体的定义、键盘上键值的获取、图形方式下光标的显示和定位,以及部分图形函数,使读者能对C语言有一个更深刻的了解,掌握贪吃蛇游戏开发的基本原理,为开发出高质量的游戏软件打下坚实的基础。

2. 设计要求。

贪吃蛇游戏是一款经典的益智游戏,深受人们喜爱,有 PC 和手机等多平台版本,既简单又耐玩。该游戏通过控制蛇头方向吃食物,从而使得蛇身越来越长,爬行速度越来越快。它的基本规则是:一条蛇出现在封闭围墙内,围墙中随机出现一个食物,通过按键盘上 4 个光标键控制蛇向上、下、左、右 4 个方向移动。蛇头撞到食物,则表示食物被蛇吃掉,食物消失,蛇身体增长一节,同时计 10 分,接着又随机出现食物,等待被蛇吃掉。如果蛇在移动过程中撞到墙壁或蛇头撞到自己的身体,则游戏结束。

15.2 功能设计

1. 总体设计。

程序的关键在于表示蛇的图形及蛇的移动,主要涉及以下 3 方面。

(1) 构造蛇身:定义一个坐标数组,存放的是蛇的每一节蛇身所在的坐标位置。这样就将移动蛇身的操作转换为移动数组的操作,将吃食物增加蛇身体长度的操作转换为在数组后面追加元素的操作。

(2) 移动效果:每次移动时,将每一节蛇身(蛇头除外)依次往前移动一节,然后擦除蛇的最后一节,最后确定蛇头的方向,再绘制一个蛇头。这样就会显示一个移动效果。

(3) 蛇身体增加效果:每次移动时,判断蛇头是否碰到了食物,如果碰到了食物,则吃掉它,并且只进行前移蛇身和增加蛇头的操作,不进行擦除蛇尾的操作(可以用一个标记变量判断是否吃掉了食物,然后在擦除蛇尾那里判断是否需要擦除蛇尾),这就会显示蛇身体增加的效果。

游戏整体设计用到了 7 个模块：主菜单、绘制游戏场景模块、随机生成食物模块、按键操作模块、蛇运动模块、移动光标模块、提升移动速度模块，如图 15-1 所示。

各个模块功能描述如下。

主菜单：游戏前可以选择开始游戏、查看帮助文档或者退出游戏。

绘制游戏场景模块：该模块主要用于初始化游戏场景，包括打印游戏地图边框、随机生成初始食物、初始化蛇的属性。

随机生成食物模块：该模块用于当食物被吃掉后再次生成一个新的食物。

按键操作模块：该模块记录操作，判断蛇身是否要增加以及绘制蛇的移动效果。

蛇运动模块：该模块用于判断蛇运动是否符合规范，也就是判断蛇头是否触碰到上、下、左、右边界或者是否触碰到自己的身体。

移动光标模块：该模块实现将光标移到指定位置的操作。

提升移动速度模块：该模块用于蛇吃到足够多食物时，增加移动速度。当速度增加到一定程度时游戏通关。

游戏开始后，按上、下、左、右方向键控制蛇头移动吃食物。可以在游戏中的任意时刻按任意非方向键暂停游戏。当蛇头触碰到任意障碍物，游戏以失败结束。当蛇吃到足够多的食物，游戏以通关结束。游戏的总体流程如图 15-2 所示。

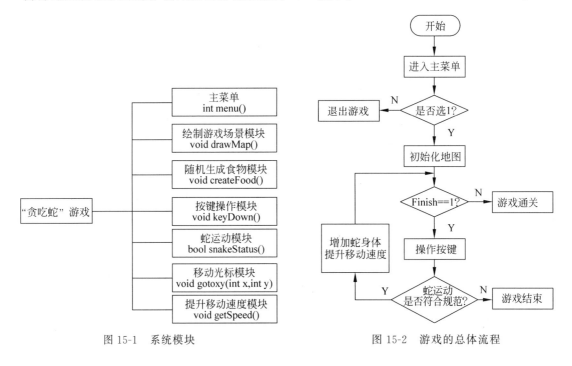

图 15-1　系统模块　　　　　　　　图 15-2　游戏的总体流程

2. 详细设计。

1）实现将光标移动到指定位置的操作。

控制台窗口中每一个位置都有它的坐标，且坐标系如图 15-3 所示（随箭头方向坐标逐渐增大）。

通过代码将光标移到控制台指定位置。

图 15-3　控制台坐标示意图

```c
# include < stdio.h >
# include < Windows.h >
void gotoxy(int x, int y)
{
    COORD coord;
    coord.X = x;
    coord.Y = y;
    SetConsoleCursorPosition(GetStdHandle(STD_OUTPUT_HANDLE), coord);
}
int main()
{
    gotoxy(50,15);   //将光标移到控制台的(50,15)处
    printf("Hello World\n");
    system("pause");
    return 0;
}
```

　　上述代码将光标移动到控制台的(50,15)坐标点处,如图 15-4 所示,程序在指定位置输出了待输出的内容。

图 15-4　移动光标到指定位置

2）打印游戏边框以及游戏初始画面。

首先需要确定游戏的边框大小。

```
#define MAPWIDTH 118                    //宽度
#define MAPHEIGHT 29                    //高度
```

其次需要定义食物的坐标，以及蛇自身的相关属性。蛇的身体由一节一节的小方块■组成，将蛇的身体每一节的小方块所在的位置用一个数组存储起来，方便以后操作。一个小方块■在 x 方向上占用两个位置，在 y 方向上占用一个位置。每一节蛇身由一个小方块构成。

定义结构体 struct food，用于表示食物的坐标：

```
struct {
    int x;
    int y;
}food;
```

定义结构体 struct snake，用于表示蛇的相关属性：

```
struct {
    int speed;                        //蛇移动的速度
    int len;                          //蛇的长度
    int x[SNAKESIZE];                 //组成蛇身的每一个小方块中 x 的坐标
    int y[SNAKESIZE];                 //组成蛇身的每一个小方块中 y 的坐标
}snake;
```

3）按键操作模块的实现。

按键操作主要根据输入按键实现蛇的移动以及蛇身体的增加，主要流程如图 15-5 所示。

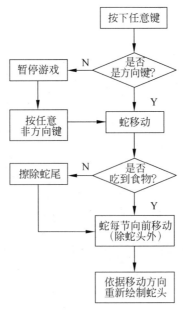

图 15-5　按键操作主要流程

其中,当蛇没有吃到食物时,每走一步就要擦除蛇尾,以此营造一个移动的效果。当蛇吃到了食物时,就不需要擦除蛇尾,以此营造一个蛇身增长的效果。在蛇尾处输出空格即擦除蛇尾。

4) 随机生成食物。

首先判断当前的蛇头位置是否和食物位置一致,如果一致则说明蛇吃到了食物,因此随机生成新的食物。主要流程如图 15-6 所示。

其中,随机生成食物中的"随机"指的是随机位置。在此过程中,用到了 srand 函数。

srand 函数是随机数发生器的初始化函数。

它的原型为:

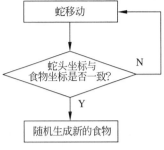

图 15-6 食物生成流程

```
void srand(unsigned seed);
```

它会提供一个初始化的随机种子,这个种子对应一个随机数,如果使用同一个种子后面的 rand 函数,会出现一样的随机数。如:srand(1),直接使用 1 来初始化种子。不过为了防止随机数每次重复,常常使用系统时间来初始化,即使用 time 函数来获得系统时间,它的返回值为当前时刻距离 1970 年 1 月 1 日 0 时 0 分 0 秒的时间,以秒为单位。然后将 time 型数据转换为 unsigned 型再传给 srand 函数,即 srand((unsigned) time(&t))。不过在实际应用中,往往不需要定义 time 型 t 变量,即 srand((unsigned) time(NULL)),直接传入一个空指针,因为此时程序并不需要通过参数获得数据。

当 srand 函数产生了一个随机种子后,其后的 rand 函数会根据此种子算出一个随机坐标,在此坐标上输出★,就能得到一个随机食物。

5) 蛇运动模块和速度提升模块。

在蛇运动模块中判断蛇头当前坐标是否和地图边界一致、是否和自己身体每节坐标一致。如果一致,则说明蛇触碰到障碍,游戏结束。

速度提升模块中利用蛇吃到一个食物身体长一截的规则,通过蛇身体长度来设置蛇的移动速度。其中,用到了 Sleep 函数。

Sleep 函数可以使计算机程序(进程、任务或线程)进入休眠,使其在一段时间内处于非活动状态。当函数设定的计时器到期,或者接收到信号、程序发生中断时都会导致程序继续执行。它的作用可以理解为使程序暂停一定的时间,单位为毫秒。例如:

```
Sleep(100); //暂停 100ms 后继续运行
```

所以,初始状态下,蛇的速度 speed 为 200,随着蛇不断地吃食物,身体不断增长,speed 的值越来越小,通过 Sleep(speed);能体现出蛇在运动时停留时间越来越短,所以运动速度越来越快。当 speed 的值小到一定程度时,游戏通关。

15.3 程序实现

1. 程序预处理。

程序预处理部分包括加载头文件、定义全局变量、定义数据结构,并对它们进行初始化工作。代码如下：

```
# include < stdio. h >
# include < stdlib. h >
# include < Windows. h >          //Windows 编程头文件
# include < time. h >
# include < conio. h >            //控制台输入输出头文件
# define SNAKESIZE 100            //蛇的身体最大节数
# define MAPWIDTH 118             //宽度
# define MAPHEIGHT 29             //高度
//食物的坐标
struct {
    int x;
    int y;
}food;
//蛇的相关属性
struct {
    int speed;                   //蛇移动的速度
    int len;                     //蛇的长度
    int x[SNAKESIZE];            //组成蛇身的每一个小方块中 x 的坐标
    int y[SNAKESIZE];            //组成蛇身的每一个小方块中 y 的坐标
}snake;
//从控制台移动光标
void gotoxy( int x, int y);
int key = 72;                    //表示蛇移动的方向,72 为按下↑所代表的数字
static int ret = 0;
//用来判断蛇是否吃掉了食物,这一步很重要,涉及是否会有蛇身移动的效果以及蛇身增长的效果
int changeFlag = 0;
static int finish = 1;           //判定是否通关
int sorce = 0;                   //记录玩家的得分
```

2. 移动光标模块。

将控制台光标移到(x,y)处,代码如下：

```
void gotoxy( int x, int y)
{
    COORD coord;
    coord. X = x;
    coord. Y = y;
    SetConsoleCursorPosition(GetStdHandle(STD_OUTPUT_HANDLE), coord);
}
```

3. 绘制游戏场景模块。

该模块主要用于初始化游戏场景,包括打印边框、打印左右边框、随机生成初始食物、初始化蛇的属性。代码如下：

```
void drawMap()
{
    //打印上、下边框
```

```
for (int i = 0; i <= MAPWIDTH; i += 2)    //i+=2 是因为横向占用的是两个位置
{
    gotoxy(i, 0);                          //将光标移动依次到(i,0)处打印上边框
    printf("■");
    gotoxy(i, MAPHEIGHT);                  //将光标移动依次到(i,MAPHEIGHT)处打印下边框
    printf("■");
}
//打印左、右边框
for (int i = 1; i < MAPHEIGHT; i++)
{
    gotoxy(0, i);                          //将光标移动依次到(0,i)处打印左边框
    printf("■");
    gotoxy(MAPWIDTH, i);                   //将光标移动依次到(MAPWIDTH, i)处打印右边框
    printf("■");
}
//随机生成初始食物
srand((unsigned int)time(NULL));
while (1)
{
    food.x = rand() % (MAPWIDTH - 4) + 2;
    //左右两边有边框,所以减 4.横坐标占两个位置,所以加 2
    food.y = rand() % (MAPHEIGHT - 2) + 1;
    //生成的食物横坐标的奇偶必须和初试时蛇头所在坐标的奇偶一致,因为一个字符占
    //2 字节位置,若不一致会导致吃食物的时候只吃到一半
    if (food.x % 2 == 0)
        break;
}
gotoxy(food.x, food.y);                    //将光标移到食物的坐标处
printf("★");                              //打印食物
//初始化蛇的属性
snake.len = 3;
snake.speed = 200;
//在屏幕中间生成蛇头
snake.x[0] = MAPWIDTH / 2 + 1;             //x 坐标为偶数
snake.y[0] = MAPHEIGHT / 2;
//打印蛇头
gotoxy(snake.x[0], snake.y[0]);
printf("■");
//生成初始的蛇身
for (int i = 1; i < snake.len; i++)
{
    //蛇身的打印,纵坐标不变,横坐标为上一节蛇身的坐标值 + 2
    snake.x[i] = snake.x[i - 1] + 2;
    snake.y[i] = snake.y[i - 1];
    gotoxy(snake.x[i], snake.y[i]);
    printf("■");
}
}
```

4. 按键操作模块。

该模块记录操作,判断蛇身是否要增加以及绘制蛇的移动效果。代码如下:

```c
void keyDown()
{
    int pre_key = key;              //记录前一个按键的方向
    int kt;
    if (_kbhit())                   //如果用户按下了键盘中的某个键
    {
        fflush(stdin);             //清空缓冲区中的字符
        //getch读取方向键时,会返回两次,第一次调用返回0或者224,第二次调用返回的才是实际值
        kt = _getch();
        if (kt == 0 || kt == 224) key = _getch();
        //当按键为非方向键时不执行操作,产生暂停效果
        else
        {
            _getch();
            return;
        }
    }
    /* changeFlag 为 0 表明此时没有吃到食物,因此每走一步就要擦除掉蛇尾,以此营造一个移动的
    效果;为 1 表明吃到了食物,就不需要擦除蛇尾,以此营造一个蛇身增长的效果 */
    if (changeFlag == 0)
    {
        gotoxy(snake.x[snake.len - 1], snake.y[snake.len - 1]);
        printf("  ");              //在蛇尾处输出空格即擦除蛇尾
    }
    //将蛇的每一节依次向前移动一节(蛇头除外)
    for (int i = snake.len - 1; i > 0; i--)
    {
        snake.x[i] = snake.x[i - 1];
        snake.y[i] = snake.y[i - 1];
    }
    /* 蛇当前移动的方向不能和前一次的方向相反,例如蛇往左走的时候不能直接按右键往右走;
    如果当前移动方向和前一次方向相反的话,把当前移动的方向改为前一次的方向 */
    if (pre_key == 72 && key == 80)
        key = 72;
    if (pre_key == 80 && key == 72)
        key = 80;
    if (pre_key == 75 && key == 77)
        key = 75;
    if (pre_key == 77 && key == 75)
        key = 77;
    /*
    * 控制台按键所代表的数字
    * "↑": 72
    * "↓": 80
    * "←": 75
    * "→": 77
```

```
*/
//判断蛇头应该往哪个方向移动
switch (key)
{
case 75:
    snake.x[0] -= 2;    //往左
    break;
case 77:
    snake.x[0] += 2;    //往右
    break;
case 72:
    snake.y[0]--;       //往上
    break;
case 80:
    snake.y[0]++;       //往下
    break;
}
//打印出蛇头
gotoxy(snake.x[0], snake.y[0]);
printf("■");
gotoxy(MAPWIDTH, 0);        //打印完蛇头后将光标移到屏幕最上方,避免光标在蛇身处一直闪烁
changeFlag = 0;             //由于目前没有吃到食物,因此 changFlag 值为 0
return;
}
```

5. 随机生成食物模块。

该模块用于当食物被吃掉后再次生成一个新的食物。代码如下:

```
void createFood()
{
    if (snake.x[0] == food.x && snake.y[0] == food.y)   //蛇头碰到食物
    {
        //蛇头碰到食物即为要吃掉这个食物了,因此需要再次生成一个食物
        srand((unsigned int)time(NULL));
        while (1)
        {
            int flag = 1;
            food.x = rand() % (MAPWIDTH - 4) + 2;
            food.y = rand() % (MAPHEIGHT - 2) + 1;
            //随机生成的食物不能在蛇的身体上
            for (int i = 0; i < snake.len; i++)
            {
                if (snake.x[i] == food.x && snake.y[i] == food.y)
                {
                    flag = 0;
                    break;
                }
            }
            //随机生成的食物不能横坐标为奇数,也不能在蛇的身体上,否则重新生成
```

贪吃蛇游戏

```
        if (flag && food.x % 2 == 0)
            break;
    }
    //绘制食物
    gotoxy(food.x, food.y);
    printf("★");
    snake.len++;        //吃到食物,蛇身长度加1
    sorce += 10;        //每个食物得10分
    changeFlag = 1;     //很重要,因为吃到了食物,就不用再擦除蛇尾的那一节,以此来造成蛇身
                        //体增长的效果
    }
    return;
}
```

6. 蛇运动模块。

该模块用于判断蛇运动是否符合规范。代码如下:

```
bool snakeStatus()
{
    //蛇头碰到上、下边界,游戏结束
    if (snake.y[0] == 0 || snake.y[0] == MAPHEIGHT)
        return false;
    //蛇头碰到左、右边界,游戏结束
    if (snake.x[0] == 0 || snake.x[0] == MAPWIDTH)
        return false;
    //蛇头碰到蛇身,游戏结束
    for (int i = 1; i < snake.len; i++)
    {
        if (snake.x[i] == snake.x[0] && snake.y[i] == snake.y[0])
            return false;
    }
    return true;
}
```

7. 主菜单。

主菜单主要用于游戏开始的选择。代码如下:

```
int menu()
{
    for (int i = 0; i <= MAPWIDTH; i += 2)//i += 2是因为横向占用的是两个位置
    {
        //将光标移动依次到(i,0)处打印上边框
        gotoxy(i, 0);
        printf("■");
        //将光标移动依次到(i,MAPHEIGHT)处打印下边框
        gotoxy(i, MAPHEIGHT);
        printf("■");
    }
```

```
//打印左、右边框
for (int i = 1; i < MAPHEIGHT; i++)
{
    //将光标移动依次到(0,i)处打印左边框
    gotoxy(0, i);
    printf("■");
    //将光标移动依次到(MAPWIDTH, i)处打印右边框
    gotoxy(MAPWIDTH, i);
    printf("■");
}
gotoxy(MAPWIDTH / 2 - 10, MAPHEIGHT / 2 - 4);
printf("欢迎来到贪吃蛇小游戏....");
gotoxy(MAPWIDTH / 2 - 10, MAPHEIGHT / 2);
printf("开始游戏请按(1)");
gotoxy(MAPWIDTH / 2 - 10, MAPHEIGHT / 2 + 4);
printf("查看帮助请按(2)");
gotoxy(MAPWIDTH / 2 - 10, MAPHEIGHT / 2 + 8);
printf("按其他任意键退出游戏");
int ch;
scanf("%d", &ch);
while (TRUE)
{
    if (ch == 1)
    {
        ret = 1;
        break;
    }
    else if(ch == 2)

    {
        system("cls");
        gotoxy(MAPWIDTH / 2 - 10, MAPHEIGHT / 2 - 4);
        printf("按 ←↑↓→ 移动方向");
        gotoxy(MAPWIDTH / 2 - 10, MAPHEIGHT / 2);
        printf("按任意非方向键暂停游戏");
        gotoxy(MAPWIDTH / 2 - 10, MAPHEIGHT / 2 + 4);
        printf("开始游戏请按(1)");
        gotoxy(MAPWIDTH / 2 - 10, MAPHEIGHT / 2 + 8);
        printf("按其他任意键退出游戏");
        scanf("%d", &ch);
        if (ch != 1) break;
    }
    else break;

}
system("cls");
return ret;
}
```

8. 提升移动速度模块。

该模块用于蛇吃到足够多食物时,增加移动速度。主要依据蛇身体的长度也就是吃到食物的数量,调整程序暂停时间,单位为毫秒。代码如下:

```c
void getSpeed()
{
    if (snake.len <= 6)
        snake.speed = 200;
    else if (snake.len <= 10)
        snake.speed = 100;
    else if (snake.len <= 20)
        snake.speed = 50;
    else if (snake.len <= 30)
        snake.speed = 30;
    else snake.speed = 20;
    if (snake.len == 40)
        finish = 0;
}
```

9. 主函数。

主函数实现对整个程序的控制。代码如下:

```c
int main()
{
    ret = menu();
    if (ret == 1)
    {
        drawMap();
        while (finish)
        {
            keyDown();
            if (!snakeStatus())
                break;
            getSpeed();
            createFood();
            Sleep(snake.speed);
        }
        if (finish)
        {
            gotoxy(MAPWIDTH / 2, MAPHEIGHT / 2);
            printf("Game Over!\n");
            gotoxy(MAPWIDTH / 2, MAPHEIGHT / 2 + 1);
            printf("本次游戏得分为: %d\n", sorce);
        }
        else
        {
            gotoxy(MAPWIDTH / 2, MAPHEIGHT / 2);
            printf("恭喜通关!\n");
            gotoxy(MAPWIDTH / 2, MAPHEIGHT / 2 + 1);
```

```
            printf("本次游戏得分为: %d\n", sorce);
        }
        system("pause");
    }
    return 0;
}
```

15.4 测试分析

运行系统即可进入游戏主菜单界面,用户可通过"1"或者"2"选择开始游戏或者查看帮助,如图 15-7 所示。

图 15-7 游戏开始界面

当用户选择了"2"就进入到帮助界面,如图 15-8 所示。

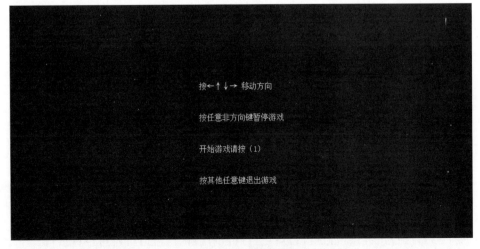

图 15-8 游戏帮助界面

贪吃蛇游戏

当用户输入了"1"就能开始游戏了。游戏过程中的运行界面如图 15-9 所示。

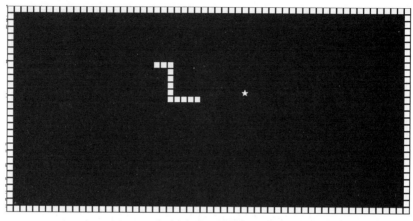

图 15-9　游戏过程中的运行界面

当蛇触碰到边界或者自己的身体时,游戏结束,界面如图 15-10 所示。

图 15-10　游戏结束界面

游戏通关的界面如图 15-11 所示。

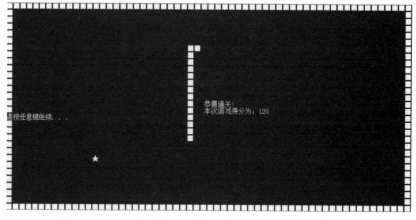

图 15-11　游戏通关的界面

第 16 章 　 航班订票系统

16.1　设计目的与要求

1. 设计目的。

本程序旨在帮助学生进一步了解管理信息系统的开发流程,掌握文本模型下图形化界面的开发技巧,熟悉C语言的指针、结构体和线性表的各种基本操作,为开发出更优秀的信息管理系统打下坚实的基础。

2. 设计要求。

编写一个航班订票系统的程序,使该系统能够实现对航班信息的录入、浏览、查询、修改、删除以及订票、退票的功能。首先要制作一个主菜单,显示各个操作的提示供用户选择,进而一步步地深入操作。根据主菜单的内容再进一步编制具体操作的函数,各功能均用专门编制的函数来完成。

16.2　功能设计

1. 总体设计。

本系统实现航班订票的各项功能,给用户提供一个简易的操作界面,以便根据提示输入操作项,调用相应函数来完成系统提供的各项管理功能。本航班订票系统以简易界面的形式实现,由管理员和乘客两大模块组成。其中,管理员模块包含航班信息录入和修改航班信息两个子功能。乘客模块包含订票、退票和查看航班信息3个子功能。各功能模块之间的跳转由多级菜单实现,如图16-1所示。

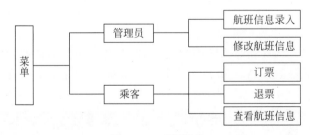

图 16-1　系统模块

(1) 主菜单:负责用户登录界面的跳转、用户名及口令的输入与确认。另外,还需要根据用户对菜单项的选择来调用相关函数,完成相应的功能。

（2）管理员模块：此模块用于管理员登录的验证。验证通过后可以进行航班信息录入以及修改航班信息。

（3）航班信息录入：主要用于航班的编号、起飞时间、座位数等信息的录入。航班的各项信息用链表写入文件中。

（4）修改航班信息：用于修改已经录入的航班的各项信息。

（5）乘客模块：此模块用于乘客信息的填写。当乘客填写完信息后即可开始查看航班信息以及进行订票、退票操作。

（6）订票：乘客根据从文件读取到的管理员录入的各航班信息，选择航班号以及需要的票数。

（7）退票：根据乘客订票的信息选择航班后，将已订好的机票数量减少。

（8）查看航班信息：显示管理员录入的所有航班的实时信息。

此系统利用多级菜单串联各功能模块。进入系统后，依据菜单中提供的不同选项跳转到对应功能模块。系统操作流程如图 16-2 所示。

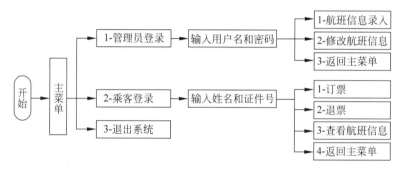

图 16-2　航班订票系统操作流程

2. 详细设计。

1）系统整体操作流程。

在此系统中，由主函数 main 调用 MenuFirst 函数进入主菜单界面，然后输入选项值。接着调用 Select_MenuF 函数判断输入的选项值。若为 1，则调用 Init_Admin 函数进行管理员账号密码的判定。如果输入值都正确，MenuSecond1 函数就会被调用，进入航班信息录入和修改航班信息界面，根据需求进行相应的操作；若为 2，则调用 Client_input 函数填写乘客购票信息。乘客信息填写完整后，用 MenuSecond2 函数进入乘客界面，其中有订票、退票和查看航班信息 3 项功能；若为 3，则退出系统。详细流程如图 16-3 所示。

2）管理员模块。

（1）管理员登录。

管理员在进行录入航班和修改航班的操作前，需要登录。因此要验证登录的账号和密码是否正确。系统中用 Init_Admin 函数为管理员设置了固定的账号和密码。管理员信息用如下结构表示：

```
typedef struct Admin
{
char user_name[8];              //管理员账号
char user_password[8];          //管理员密码
}Admin, * pAdmin;
```

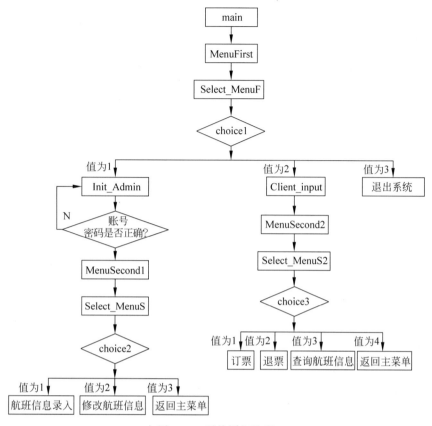

图 16-3　系统详细流程

　　输入了账号和密码后，利用 Login_Check 函数进行判定，如果相同则进入管理员界面，否则重新输入。

　　（2）航班信息录入。

　　此部分的主要功能是将数据保存到文件中。

　　首先，用 Ticket_input 函数将录入的航班信息存入线性表中。线性表结构如下：

```
typedef struct
{
  keytype key[8]; Ticket tic;
}TABLE;
```

其中，Ticket 表示机票。结构如下：

```
typedef struct Ticket
{
    char m_number[8];          //航班号
    char m_Start_Time[6];      //航班出发时间
    char m_End_Time[6];        //航班抵达目的地时间
    char m_Start_City[8];      //航班出发城市
    char m_End_City[8];        //航班抵达城市
```

```
    int   m_price;                //票价
    int   m_discount;             //折扣
    int   m_Is_Full;              //航班是否满仓
}Ticket, * pTicket;
```

所以在录入航班信息时需要提供此结构中对应的 8 个值,其中,"航班是否满仓"用来表示航班座位数即机票数。此处的 keytype key[8]用于将机票结构中的航班号设为关键字,方便对各趟航班排序以便查找。keytype 表示 char 类型。其定义语句如下:

```
typedef char keytype;
```

信息存入线性表后,由 Ticket_write_into_database 函数将其写入文件中保存。写入文件操作由库函数 fopen 和 fprintf 完成。

(3) 修改航班信息。

此部分的主要功能是从文件中读取录入的航班信息,找到对应项修改其内容。用 modify_input 函数输入需要修改的信息,包括航班号、要修改的具体信息以及修改后的数据。在其中调用 Ticket_read_from_database 函数完成读取信息操作,以及将读取到的航班信息分块以便于修改航班信息。从文件中读取信息由库函数 fopen 和 fscanf 完成。再将航班号、要修改的具体信息以及修改后的数据传递给 modify 函数,在此函数中对航班号用分块查找,然后根据查找到的航班号修改对应信息的数据。

(4) 分块查找。

修改航班信息的过程中用到了分块查找的方法。分块查找又称为索引顺序查找。它吸取了顺序查找和折半查找各自的优点,既有动态结构,又适用于快速查找。其基本思想是:将查找表分为若干子块。块内的元素可以无序,但块与块之间是有序的,第一个块中最大关键字小于第二个块中所记录的所有关键字。同理,第二个块中最大关键字小于第三个块中所记录的所有关键字,以此类推。查找过程如下:

① 将线性表分成若干块,取各块中的最大关键字构成一个索引表然后对其排序。

② 对索引表进行折半查找以确定待查记录在哪一个块中。

③ 在已经确定的块中用顺序法进行查找。

据此可以看出分块查找在操作时插入和删除比较容易,无须进行大量移动。但是,要增加一个索引表的存储空间并对初始索引表进行排序运算。因此,若线性表既要快速查找又要经常动态变化,则可采用分块查找。例如此例中航班信息的修改。

3) 乘客模块。

(1) 乘客登录。

乘客根据提示输入对应的信息,此功能由 Client_input 函数实现。乘客对应的结构如下:

```
typedef struct Client
{
    int cl_num;                   //乘客编号
```

```
    char cl_name[8];              //乘客姓名
    char cl_portnum[8];           //乘客证件号
    int cl_count;                 //订票数量
    Ticket cl_tic;                //航班情况
}Client;
```

在此只需要输入乘客姓名和证件号即可进入由 MenuSecond2 函数提供的乘客操作界面。此界面提供了订票、退票、查看航班信息、返回主菜单 4 个选项。当确定了某一选项后，就会调用 Select_MenuS2 函数，根据相应选项实现对应的操作。

（2）订票功能。

进入到乘客菜单后，若选择 1，则启用订票功能。

此功能首先用 Ticket_read_from_database 函数从文件中读取当前可选航班信息，接着调用 Ticket_show 函数显示航班信息，供乘客选择。然后根据选择的航班号确定订票数量，如果票数合适，则分别调用 Ticket_write_into_database 和 Client_write_into_database 函数将订票完成后的数据写入航班信息数据文件、乘客资料和订票信息数据文件。其中，航班信息数据文件中保存的是机票结构中的 8 个数据，乘客资料和订票信息数据文件中保存的是乘客结构中除航班情况外的 4 个数据。详细流程如图 16-4 所示。

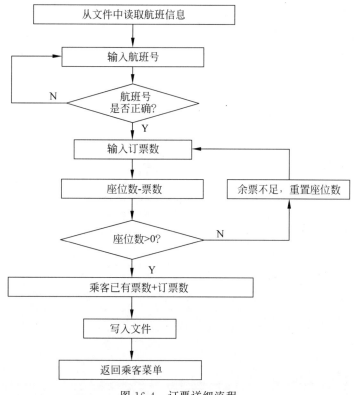

图 16-4　订票详细流程

（3）退票功能。

当乘客订票成功后即可进行退票操作。在乘客菜单中选择 2，即进入退票程序。其过程和订票相反。其首先分别调用函数 Ticket_read_from_database 和 Client_read_from_ database 从文件中读取当前可选航班信息以及乘客资料和订票信息。接着调用 Ticket_ show 函数显示航班信息,然后输入需要退票的航班号,如果有此趟航班,则输入退票数。当退票数不大于乘客已有票数时退票成功。随即进行航班座位数加退票数,乘客已有票数减退票数的操作。否则退票失败,重新输入退票数。最后,将最终数据分别调用 Ticket_write_into_ database 和 Client_write_into_database 函数存入对应文件中。

(4)查看航班信息

在乘客菜单中选择 3,即可进行查看航班信息操作。通过函数 Ticket_read_from_ database 从文件中读取当前可选航班信息,然后用 Ticket_show 函数显示到控制台完成航班查询。成功查询结束后用 MenuSecond2 函数返回乘客二级菜单继续操作。

16.3 程序实现

1. 程序预处理。

程序预处理部分包括加载头文件、定义全局变量、定义数据结构,并对它们进行初始化工作。代码如下:

```c
#include<stdio.h>
#include<stdlib.h>
#include<windows.h>
#include<time.h>
#include<string.h>
#define M 4                              //系统能够容纳的航班数
#define B 2                              //分块查询中的索引数
typedef char keytype;
/* ================ 机票结构体 ============= */
typedef struct Ticket
{
    char  m_number[8];                   //航班号
    char m_Start_Time[6];                //航班出发时间
    char m_End_Time[6];                  //航班抵达目的地时间
    char m_Start_City[8];                //航班出发城市
    char m_End_City[8];                  //航班抵达城市
    int  m_price;                        //票价
    int  m_discount;                     //折扣
    int  m_Is_Full;                      //航班是否满仓
}Ticket, *pTicket;

/* =================== 线性表结构节点 ============= */
typedef struct
{
    keytype key[8]; Ticket tic;
}TABLE;

/* =================== 索引表结构节点 ============= */
typedef struct
{
```

```
        keytype key[8]; int low, high;
}INDEX;

/* ============== 管理员信息 =========== */
typedef struct Admin
{
        char user_name[8];                      //管理员姓名
        char user_password[8];                  //管理员密码
}Admin, * pAdmin;

/* ============== 乘客信息结构体 ========== */
typedef struct Client
{
        int cl_num;                             //乘客编号
        char cl_name[8];                        //乘客姓名
        char cl_portnum[8];                     //乘客证件号
        int cl_count;                           //订票数量
        Ticket cl_tic;                          //航班情况
}Client;

/* ====== 全局变量定义区 ========= */
int choice;                                     //选择操作全局变量
int choice2;
int choice3;
Admin * m_admin;                                //管理员信息结构模块声明
Ticket * m_ticket;                              //机票信息结构指针
Client * m_client;                              //乘客信息结构体指针
TABLE list[M];                                  //说明线性表变量
INDEX inlist[B];                                //索引表变量
int hbxx, value;
char key[8];
```

2. 系统中用到的函数声明。

```
void Init_Admin();                              //初始化管理员信息
void Init_Ticket();                             //初始化机票信息
void Init_Client();                             //初始化乘客信息
int Ticket_input();                             //航班信息录入
int Ticket_write_into_database();               //航班信息存盘,写入数据文件
int  Login_Check();                             //管理员登录验证模块
int  Client_input();                            //乘客资料填写
int  Client_write_into_database();              // 乘客资料和乘客订票信息写入数据文件
void Ticket_read_from_database();               //从文件中读取航班信息
void Ticket_show();                             //显示当前航班信息
void Client_read_from_database();               //从文件中读取乘客信息
void modify(char * key, int hbxx, int value);   //航班信息修改
void modify_input();                            //管理员录入要修改的航班信息
```

3. 系统中的菜单模块。

各功能模块之间的跳转由多级菜单实现。各级菜单函数的申明代码如下：

```
void MenuFirst();                          /* 一级菜单 */
void MenuSecond1();                        /* 二级菜单 1 */
void MenuSecond2();                        /* 二级菜单 2 */
void Select_MenuF();                       /* 一级菜单选择操作函数 */
void Select_MenuS();                       /* 二级菜单选择操作函数 */
void Select_MenuS2();                      /* 二级菜单选择操作函数 2 */
```

4. 一级菜单和二级菜单。

这部分主要作用是通过菜单提供的操作界面,选择相应的功能。代码如下：

```
/* 一级菜单 */
void MenuFirst()
{
    printf("\n\n\n\n              **  powerd by:HBEU 2021.12. version:1.0.0.0 ** \n");
    printf("\n -------------- 航班订票系统 -------------- \n");
    printf("              ==                                  == \n");
    printf("              ==           1.管理员登录           == \n");
    printf("              ==                                  == \n");
    printf("              ==           2.乘客登录             == \n");
    printf("              ==                                  == \n");
    printf("              ==           3.退出系统             == \n");
    printf("              ==                                  == \n");
    printf("-------------------------------------------- \n");
    printf("            请选择操作:            ");
    scanf("%d", &choice);
    Select_MenuF();
}
/* 二级菜单 1 */
void MenuSecond1()
{
    printf("\n\n\n\n ** powerd by:HBEU 2021.12. version:1.0.0.0 ** \n");
    printf("\n -------------- 后台操作 -------------- \n");
    printf(" ===                                  ===\n ");
    printf(" ===           1.航班信息录入          ===\n ");
    printf(" ===                                  ===\n ");
    printf(" ===           2.修改航班信息          ===\n ");
    printf(" ===                                  ===\n ");
    printf(" ===           3.返回主菜单            ===\n");
    printf("              -------------------------------------------- \n\n");
    printf("            请选择操作:            ");
    scanf("%d", &choice2);
}
/* 二级菜单 2 */
void MenuSecond2()
{
```

```
printf("\n\n\n\n **   powerd by:HBEU 2021.12. version:1.0.0.0 ** \n");
printf("\n------------------- 欢迎( %s)乘客的到来!----------------- \n", m_client-
>cl_name);
printf(" ===                                      === \n  ");
printf(" ===                  1.订票                === \n  ");
printf(" ===                                      === \n  ");
printf(" ===                  2.退票                === \n  ");
printf(" ===                                      === \n  ");
printf(" ===                  3.查看今日航班信息      === \n  ");
printf(" ===                                      === \n  ");
printf(" ===                  4.返回主菜单           === \n");
printf(" --------------------------------------------------- \n\n ");
printf("              请选择操作:           ");
scanf(" %d", &choice3);
}
```

5. 一级菜单的操作函数。

该函数完成一级菜单选项的对应操作。代码如下:

```
/ * 一级菜单选择操作函数 * /
void Select_MenuF()
{
int i;
//一级菜单中选择除 1、2 外的任意值均为 3,即退出系统
if (choice < 1 || choice > 3) choice = 3;
while (choice < 4)
{
   switch (choice)
   {
   case 1:{
       system("cls");
       Init_Admin();                    //初始化管理员信息
         i = Login_Check();
         if (i == 1)
         {
       printf("成功登录后台管理系统!将在 3 秒后进入系统,请等待......");
       Sleep(3000);                     //延时 3 秒
       system("cls");                   //清屏
       MenuSecond1();                   //进入二级菜单 1
       Select_MenuS();                  //二级菜单选择操作
   }
         else
         printf("用户名或者密码错误,请重新输入!");
         Sleep(2000);                   //延时 2 秒
         }break;
       case 2:{
           system("cls");               //清屏
           Client_input();              //乘客信息填写
```

```
            printf("欢迎您,%s先生(女士)!即将进入用户操作界面,请稍候...", m_client->cl_
    name);
            Sleep(4000);                    //延时4秒
            system("cls");                  //清屏
            MenuSecond2();                  //乘客二级菜单操作界面
            Select_MenuS2();                //乘客二级菜单操作函数
            }break;
        case 3:{
            i = MessageBox(NULL, "确定要退出系统吗?", "谢谢您的使用,再见!-- by:HBEU", MB_
    YESNO);
            if (i == IDYES)
            {
                exit(0);
            }
            else
            {
                system("cls");              //清屏
                MenuFirst();                //回到一级菜单
            }
            }break;
        }
    }
}
```

其中,"system("cls");"语句用到了 Windows 系统中的库函数 system 来清除屏幕中的内容。此函数包含在头文件 stdlib.h 中,函数原型如下:

```
int system(const char * command)
```

函数作用是:执行 Windows 系统命令,参数字符串 command 为命令名。

6. 二级菜单 1 的操作函数。

该函数实现管理员对应的航班信息录入和航班信息修改功能,代码如下:

```
void Select_MenuS()                         /*二级菜单选择操作函数*/
{
    int i;
    int ch1;
    while (choice < 4)
    {
        if (choice2 < 1 || choice2 > 3) choice2 = 3;
        switch (choice2)
        {
        case 1:{
                i = Ticket_input();         //进行航班信息录入操作
                if (i == 0)
                {
                    printf("信息录入失败,请重新录入!");
                }
```

```
            else
            {
                printf("成功录入信息!");
                Ticket_show();
                Sleep(4000);
                system("cls");
                MenuSecond1();              //成功录入后返回二级菜单继续操作
                Select_MenuS();
            }
            }break;
    case 2:{
            system("cls");
            modify_input();
            printf("按 1 键返回上级菜单...\n");
            scanf("%d", &ch1);
            if (ch1 == 1)
            {
                system("cls");
                MenuSecond1();              //成功查询结束后返回二级菜单继续操作
                Select_MenuS();
            }
            }break;
    case 3:{
            system("cls");
            MenuFirst();
            }break;
        }
    }
}
```

7. 二级菜单 2 的操作函数。

该函数主要实现了乘客的订票、退票以及查看航班信息的功能。代码如下:

```
void Select_MenuS2()                        /* 二级菜单选择操作函数 2 */
{
int i, k, now_ticket, now_ticket2;
char j[8], ch;
while (choice3 < 5)
{
    switch (choice3)
    {
    case 1:
        {
        Ticket_read_from_database();        //从文件中读取当前可选航班信息
        system("cls");
        printf("今日航班安排:\n");
        Ticket_show();                      //屏幕显示航班信息,供乘客选择
        printf("请选择您需要订购的机票航班号: ");
        again: scanf("%s", j);
```

```
        for (i = 0; i < M; i++)
        {
            if (strcmp(j, list[i].tic.m_number) == 0)
            {
            printf("请输入您需要订购的数量: ");
            scanf("%d", &k);
            now_ticket = list[i].tic.m_Is_Full;
            now_ticket -= k;
            while (now_ticket < 0)
                {
            printf("此航班票数不足,您最多可以订购此航班机票 %d 张", list[i].tic.m_Is_Full);
            printf("请输入您需要订购的数量: ");
            scanf("%d", &k);
            now_ticket = list[i].tic.m_Is_Full;
            now_ticket -= k;
                }
            list[i].tic.m_Is_Full = now_ticket;
            Ticket_write_into_database();
            m_client -> cl_count += k;                  //乘客本身订票数量
            i = Client_write_into_database();           //把乘客及其订票信息写入数据文件

    if (i == 0)
                {
                    printf("信息录入失败,请重新录入!");
                }
                else
                {
                printf("订票成功!");
                Sleep(1500);
                system("cls");
                MenuSecond2();                          //成功录入后返回二级菜单继续操作
                Select_MenuS2();                        //递归调用自身
                }
            }//if
        }//for
        if (i == M)
        {
            printf("不存在您所选择的航班号,请重新输入: ");
            goto again;
        }
}break;                                                  //case 1
case 2:{
        Ticket_read_from_database();                    //从文件中读取当前可选航班信息
Client_read_from_database();
system("cls");
        printf("今日航班安排:\n");
Ticket_show();                                          //屏幕显示航班信息,供乘客选择
        printf("请选择您需要退票的航班号: ");
again2: scanf("%s", j);
for (i = 0; i < M; i++)
```

```
                {
                        if (strcmp(j, list[i].tic.m_number) == 0)
                {
                        printf("请输入您需要退票的数量：");
                        scanf("%d", &k);
                        now_ticket2 = m_client->cl_count;
                        now_ticket2 -= k;
                        while (now_ticket2 < 0)
                        {
                        printf("您当前最多能退%d张票", m_client->cl_count);
                        printf("请输入您需要退票的数量：");
                        scanf("%d", &k);
                        now_ticket2 = m_client->cl_count;
                        now_ticket2 -= k;
                        }
                        now_ticket = list[i].tic.m_Is_Full;
                        now_ticket += k;
                        list[i].tic.m_Is_Full = now_ticket;
                        Ticket_write_into_database();
                        m_client->cl_count -= k;              //乘客本身订票数量
                        i = Client_write_into_database();     //把乘客及其订票信息写入数据文件
                        if (i == 0)
                        {
                            printf("信息录入失败,请重新录入!");
                        }
                        else
                        {
                            printf("退票成功!");
                            Sleep(1500);
                            system("cls");
                            MenuSecond2();                    //成功录入后返回二级菜单继续操作
                            Select_MenuS2();                  //递归调用自身
                        }
                    }
                }
        }
        if (i == M)
        {
            printf("不存在您所选择的航班号,请重新输入：");
            goto again2;
        }
}break;
case 3:{
    Ticket_read_from_database();                              //从文件中读取当前可选航班信息
    system("cls");
    printf("今日航班:\n");
    Ticket_show();
    printf("\n请按b键返回上级菜单");
    ch = getchar();
    if (ch == 'b')
    {
```

```
        system("cls");
        MenuSecond2();              //成功查询结束后返回二级菜单继续操作
        Select_MenuS2();
        }
    }break;
    case 4:{
        system("cls");
        MenuFirst();
    }break;
}}}
```

8. 初始化函数。

初始化函数用于对管理员、乘客以及机票进行初始化操作,主要用 malloc 函数实现。malloc 函数其实就是在内存中找一片指定大小的空间,然后将这个空间的首地址给一个指针变量。根据 malloc 函数中参数 size 的具体内容,指针变量可以是一个单独的指针,也可以是一个数组的首地址。完整代码如下:

```
/* -------- 初始化管理员信息 ------------ */
void Init_Admin()
{
    m_admin = (pAdmin)malloc(sizeof(Admin));
    strcpy(m_admin->user_name, "HBEU");          //设置管理员账户的登录名
    strcpy(m_admin->user_password, "123456");    //设置管理员账户的密码
}
/* -------- 初始化乘客信息 ------------ */
void Init_Client()
{
    m_client = (Client * )malloc(sizeof(Client));
}
/* -------- 初始化机票信息 ------------ */
void Init_Ticket()
{
    m_ticket = (pTicket)malloc(sizeof(Ticket));
}
```

9. 航班信息的存盘和读取。

这部分实现了将录入的航班信息保存到指定文件中以及将指定文件中的信息读取到结构体中,其中读取文件还涉及对读取到的信息分块操作以便后续查找。代码如下:

```
//从文件中读取航班信息到结构体
int Ticket_write_into_database()
{
    FILE * p; int i;
    if ((p = fopen("D://hbeu.txt", "w")) == NULL)
    {
        printf("文件打开失败!请重新启动系统!");
        return 0;
```

```
    }
    for (i = 0; i < M; i++)
    {
        fprintf(p, "%s", list[i].tic.m_number);
        fprintf(p, " ");
        fprintf(p, "%s", list[i].tic.m_Start_Time);
        fprintf(p, " ");
        fprintf(p, "%s", list[i].tic.m_End_Time);
        fprintf(p, " ");
        fprintf(p, "%s", list[i].tic.m_Start_City);
        fprintf(p, " ");
        fprintf(p, "%s", list[i].tic.m_End_City);
        fprintf(p, " ");
        fprintf(p, "%d", list[i].tic.m_price);
        fprintf(p, " ");
        fprintf(p, "%d", list[i].tic.m_discount);
        fprintf(p, " ");
        fprintf(p, "%d", list[i].tic.m_Is_Full);
        fprintf(p, "\n");
    }
    fclose(p);                              //关闭文件
    return 1;
}
//从文件中读取航班信息到结构体
void Ticket_read_from_database()
{
    FILE *p; int i, d;
    char max[8];
    if ((p = fopen("D://hbeu.txt", "r")) == NULL)
    {
        printf("文件打开失败!请重新启动系统!");
        return;
    }
    for (i = 0; i < M; i++)
    {
        fscanf(p, "%s", list[i].tic.m_number);
        fscanf(p, "%s", list[i].tic.m_Start_Time);
        fscanf(p, "%s", list[i].tic.m_End_Time);
        fscanf(p, "%s", list[i].tic.m_Start_City);
        fscanf(p, "%s", list[i].tic.m_End_City);
        fscanf(p, "%d", &list[i].tic.m_price);
        fscanf(p, "%d", &list[i].tic.m_discount);
        fscanf(p, "%d", &list[i].tic.m_Is_Full);
        strcpy(list[i].key, list[i].tic.m_number); //将第 i 个航班的航班号设为关键字
    }
    strcpy(max, list[0].tic.m_number);              //将第 0 个航班的航班号复制到数组 max 中
    d = 0;
    for (i = 1; i < M; i++)
    {
        if (strcmp(max, list[i].tic.m_number) < 0)
```

```
                //串 max 小于串 list[i].tic.m_number
                    strcpy(max, list[i].tic.m_number);
                    //将大的串放到 max 中,这是在线性表的一块中找
                if ((i + 1) % 2 == 0)
                {
            //将索引表中第 d 个元素的 inlist[d].key 设为线性表中第 d 个块的航班号的最大值
                    strcpy(inlist[d].key, max); d++;
                    if (i < M - 1)
            //将线性表中的下一块的第一个航班的航班号复制到 max 中,去求该块中的最大航班号
                    strcpy(max, list[i + 1].tic.m_number);
                    i++;
                }
            }
            fclose(p);                                    //关闭文件
}
```

10. 乘客信息的存盘和读取。

这部分实现了将录入的乘客信息保存到指定文件中以及将指定文件中的信息读取到结构体中。代码如下:

```
/*乘客资料和乘客订票信息写入数据文件*/
int   Client_write_into_database()
{
    FILE *p;
    if ((p = fopen("D://client - info.txt", "w")) == NULL)
    {
        printf("文件打开失败!请重新启动系统!");
        return 0;
    }
    fprintf(p, " % d", m_client -> cl_num);
    fprintf(p, " ");
    fprintf(p, " % d", m_client -> cl_count);
    fprintf(p, " ");
    fprintf(p, " % s", m_client -> cl_name);
    fprintf(p, " ");
    fprintf(p, " % s", m_client -> cl_portnum);
    fclose(p);                                    //关闭文件
    return 1;
}
/*从文件中读取乘客信息*/
void Client_read_from_database()
{
    FILE *p;
    if ((p = fopen("D://client - info.txt", "r")) == NULL)
    {
        printf("文件打开失败!请重新启动系统!");
        return;
    }
    fscanf(p, " % d", &m_client -> cl_num);
```

```
    fscanf(p, "%d", &m_client->cl_count);
    fscanf(p, "%s", m_client->cl_name);
    fscanf(p, "%s", m_client->cl_portnum);
}
```

11. 管理员和乘客的信息填写。

这部分实现了管理员登录验证、乘客资料填写。代码如下：

```
/*管理员登录验证模块*/
int Login_Check()
{
    char m_name[8];
    char m_pass[8];
    printf("\n\n\n\n                   ** powerd by:HBEU 2021.12. version:1.0.0.0 **\n");
    printf("\n          --------------- 航班订票系统 --------------- \n\n\n");
    printf("                              用户名：");
    scanf("%s", m_name);
    printf("\n");
    printf("                                  密码：");
    scanf("%s", m_pass);
    printf("\n");
    printf("\n");
    if (strcmp(m_name, m_admin->user_name) == 0)
    {
        if (strcmp(m_pass, m_admin->user_password) == 0)
            return 1;
        else
            return 0;
    }
    else
        return 0;
}
/*乘客资料填写*/
int  Client_input()
{
    int i;
    char ch;
    i = 1;
    Init_Client();                      //初始化乘客信息的结构体指针
    m_client->cl_num = i;               //初始化乘客编号
    m_client->cl_count = 0;             //初始化时,订票数量为0张
    printf("您的名字：");
    scanf("%s", m_client->cl_name);
    printf("\n");
again:printf("请选择您的证件类型：\n");
    printf("a:身份证           b:学生证 \n");
    ch = getchar();
    ch = getchar();
    if (ch == 'a' || ch == 'A')
```

```
    {
        printf("请输入您的身份证号:  ");
        scanf("% s", m_client -> cl_portnum);
    }
    else if (ch == 'b' || ch == 'B')
    {
        printf("请输入您的学生证号:  ");
        scanf("% s", m_client -> cl_portnum);
    }
    else {
        printf("输入有误,请重新输入:\n ");
        goto again;
    }
    return 1;
}
```

12. 航班信息的录入以及显示。

航班信息录入实现了输入航班信息到线性表,再由线性表写入文件的操作。航班信息显示则是将线性表中的航班信息显示到控制台。代码如下:

```
/ * 航班信息录入 * /
int Ticket_input()
{
    int i, j;
    Init_Ticket();    //初始化机票
    for (i = 0; i < M; i++)
    {
        printf(" 航班号:  ");
        scanf("% s", list[i].tic.m_number);
        printf("\n");
        printf("航班出发时间:  ");
        scanf("% s", list[i].tic.m_Start_Time);
        printf("\n");
        printf("航班抵达目的地时间:  ");
        scanf("% s", list[i].tic.m_End_Time);
        printf("\n");
        printf("航班出发城市:  ");
        scanf("% s", list[i].tic.m_Start_City);
        printf("\n");
        printf("航班抵达城市:  ");
        scanf("% s", list[i].tic.m_End_City);
        printf("\n");
        printf("票价:  ");
        scanf("% d", &list[i].tic.m_price);
        printf("\n");
        printf("折扣:  ");
        scanf("% d", &list[i].tic.m_discount);
        printf("\n");
        printf("航班座位数量:  ");
```

```
        scanf("%d", &list[i].tic.m_Is_Full);
        printf("\n");
    }
    /* ========================= 写入数据文件 ============= */
    j = Ticket_write_into_database();
    if (j)
    {
        return 1;
    }
    else
        return 0;
}
/* 控制台显示航班信息 */
void Ticket_show()
{
    int i;
    for (i = 0; i < M; i++)
    {
        printf("航班号: %s", list[i].tic.m_number);
        printf("\n");
        printf("出发时间: %s", list[i].tic.m_Start_Time);
        printf("\n");
        printf("到达时间: %s", list[i].tic.m_End_Time);
        printf("\n");
        printf("出发城市: %s", list[i].tic.m_Start_City);
        printf("\n");
        printf("到达城市: %s", list[i].tic.m_End_City);
        printf("\n");
        printf("价格: %d", list[i].tic.m_price);
        printf("\n");
        printf("折扣: %d", list[i].tic.m_discount);
        printf("\n");
        printf("剩余票数: %d", list[i].tic.m_Is_Full);
        printf("\n");
    }
}
```

13. 主函数

由于各功能具体由各级菜单函数和具体的操作函数完成,因此主函数中只需要调用主菜单即可。代码如下:

```
int main()
{
    system("mode con cols = 95   &color 3f");
    MenuFirst();
    return 0;
}
```

其中,system("mode con cols=95　&color 3f")中 mode con cols=95 表示调整控制台的

宽度为 95 个字符,color 3f 表示设置控制台背景颜色为 3,设置前景颜色即字体颜色为 f。
颜色属性由两个十六进制数字指定,第一个为背景,第二个则为前景。每个数字表示的颜色
如图 16-5 所示。所以此例中控制台是湖蓝色背景和亮白色的文字。

图 16-5　颜色参数

16.4　测试分析

1. 管理员功能测试。

运行系统即可进入主菜单界面,如图 16-6 所示。可在此选择登录。

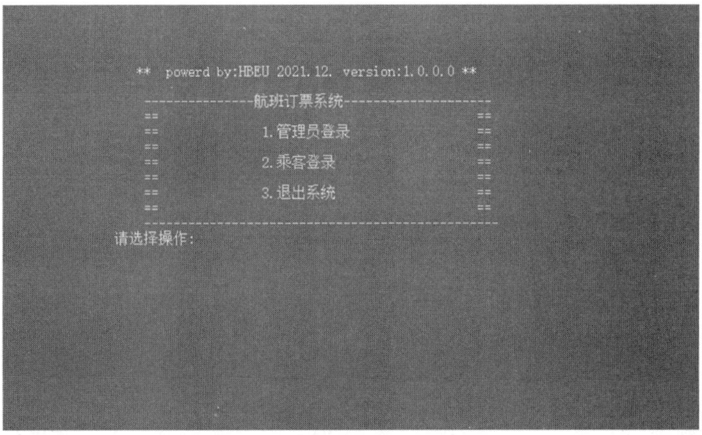

图 16-6　系统主菜单界面

选择 1,即可进入管理员登录界面,如图 16-7 所示。

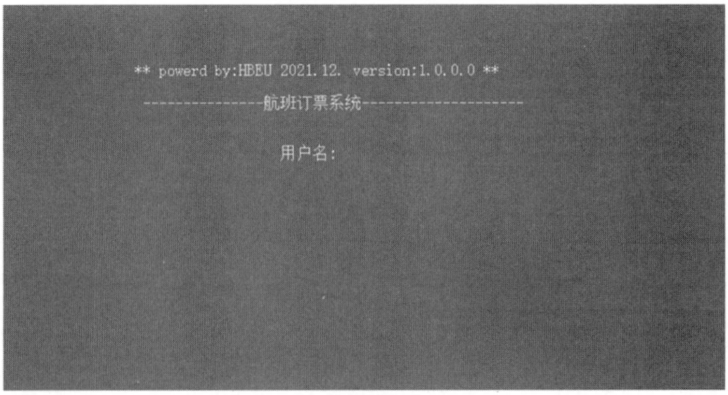

图 16-7　管理员登录界面

用户名密码输入不正确时,系统会拒绝登录并提示重新输入,如图 16-8 所示。

图 16-8　管理员登录失败界面

当输入的账号和密码都正确后即可进入管理员操作界面,如图 16-9 所示。

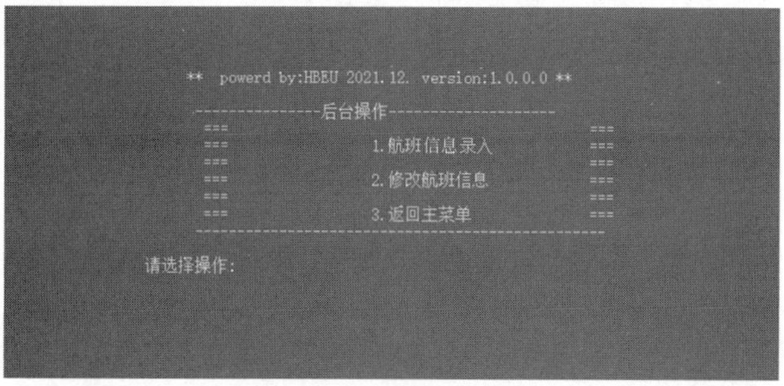

图 16-9　管理员操作界面

航班信息录入界面如图 16-10 所示。

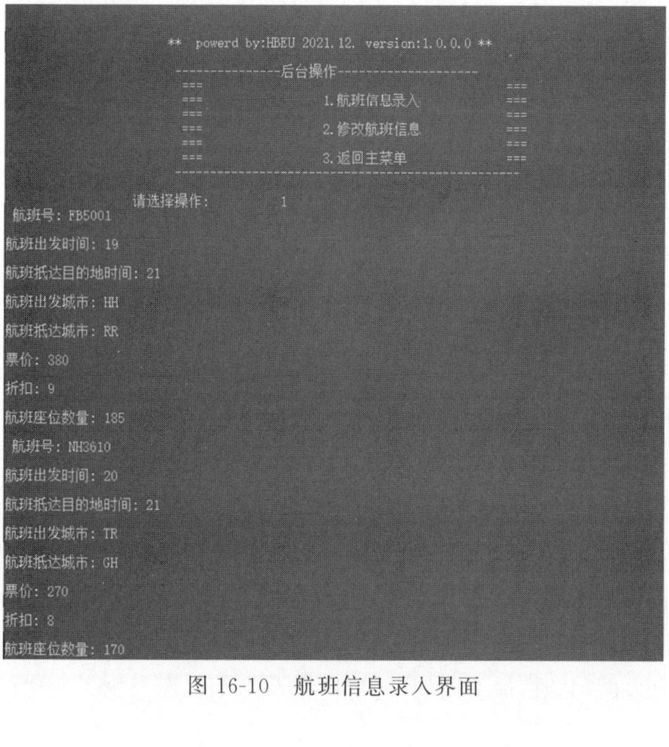

图 16-10　航班信息录入界面

航班信息修改界面如图 16-11 所示。

```
更新信息成功
航班号：FB5001
出发时间：19
到达时间：21
出发城市：HH
到达城市：RR
价格：380
折扣：9
剩余票数：185
航班号：NH3610
出发时间：20
到达时间：21
出发城市：TR
到达城市：GH
价格：270
折扣：8
剩余票数：170
航班号：YU6218
出发时间：22
到达时间：23
出发城市：eEC
到达城市：QA
价格：240
折扣：8
剩余票数：160
航班号：PG1121
出发时间：15
到达时间：19
出发城市：BD
到达城市：RU
价格：860
折扣：9
剩余票数：380
按 1 键返回上级菜单...
```

图 16-11　航班信息修改界面

2. 乘客功能测试。

回到主菜单后选择 2，即可进入乘客信息填写界面，如图 16-12 所示。

```
您的名字：KOG

请选择您的证件类型：
a：身份证            b：学生证
A
请输入您的身份证号：42201
欢迎您，KOG先生(女士)！即将进入用户操作界面，请稍候...
```

图 16-12　乘客信息填写界面

乘客信息填写完成后进入乘客操作菜单，如图 16-13 所示。

图 16-13　乘客操作菜单

乘客订票界面如图 16-14 所示。

乘客订票失败界面如图 16-15 所示。

乘客订票成功界面如图 16-16 所示。

查看航班信息界面，此时，最下面的 PG1211 航班票数已经发生了变化，如图 16-17 所示。

```
今日航班安排:
航班号: FB5001
出发时间: 19
到达时间: 21
出发城市: HH
到达城市: RR
价格: 380
折扣: 9
剩余票数: 185
航班号: NH3610
出发时间: 20
到达时间: 21
出发城市: TR
到达城市: GH
价格: 270
折扣: 8
剩余票数: 170
航班号: YU6218
出发时间: 22
到达时间: 23
出发城市: eEC
到达城市: QA
价格: 240
折扣: 8
剩余票数: 160
航班号: PG1121
出发时间: 15
到达时间: 19
出发城市: BD
到达城市: RU
折扣: 9
剩余票数: 380
请选择您需要订购的机票航班号:
```

图 16-14　乘客订票界面

```
剩余票数: 380
请选择您需要订购的机票航班号: PG1411
不存在您所选择的航班号,请重新输入: NH3610
请输入您需要订购的数量: 300
此航班票数不足,您最多可以订购此航班机票 170 张请输入您需要订购的数量:
```

图 16-15　乘客订票失败界面

```
出发城市: eEC
到达城市: QA
价格: 240
折扣: 8
剩余票数: 160
航班号: PG1121
出发时间: 15
到达时间: 19
出发城市: BD
到达城市: RU
价格: 860
折扣: 9
剩余票数: 380
请选择您需要订购的机票航班号: PG1121
请输入您需要订购的数量: 120
订票成功!
```

图 16-16　乘客订票成功界面

```
今日航班:
航班号: FB5001
出发时间: 19
到达时间: 21
出发城市: HH
到达城市: RR
价格: 380
折扣: 9
剩余票数: 185
航班号: NH3610
出发时间: 20
到达时间: 21
出发城市: TR
到达城市: GH
价格: 270
折扣: 8
剩余票数: 50
航班号: YU6218
出发时间: 22
到达时间: 23
出发城市: eEC
到达城市: QA
价格: 240
折扣: 8
剩余票数: 160
航班号: PG1121
出发时间: 15
到达时间: 19
出发城市: BD
到达城市: RU
价格: 860
折扣: 9
剩余票数: 260

请按b键返回上级菜单
```

图 16-17　查看航班信息界面

157

乘客退票界面,如图 16-18 所示。

图 16-18　乘客退票界面

3. 退出系统。

回到主菜单后选择 3,即可退出系统,如图 16-19 所示。

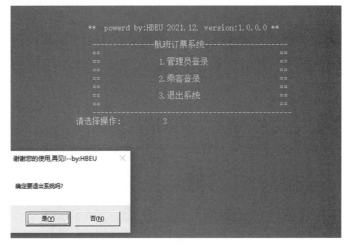

图 16-19　退出系统

附录 A

ASCII 码表

ASCII 码表如 A-1 所示。

A-1 ASCII 码表

ASCII 值	控制字符	ASCII 值	控制字符	ASCII 值	控制字符	ASCII 值	控制字符
0	NUT	32	（space）	64	@	96	`
1	SOH	33	!	65	A	97	a
2	STX	34	"	66	B	98	b
3	ETX	35	#	67	C	99	c
4	EOT	36	$	68	D	100	d
5	ENQ	37	%	69	E	101	e
6	ACK	38	&	70	F	102	f
7	BEL	39	'	71	G	103	g
8	BS	40	(	72	H	104	h
9	HT	41	)	73	I	105	i
10	LF	42	*	74	J	106	j
11	VT	43	+	75	K	107	k
12	FF	44	,	76	L	108	l
13	CR	45	—	77	M	109	m
14	SO	46	.	78	N	110	n
15	SI	47	/	79	O	111	o
16	DLE	48	0	80	P	112	p
17	DC1	49	1	81	Q	113	q
18	DC2	50	2	82	R	114	r
19	DC3	51	3	83	X	115	s
20	DC4	52	4	84	T	116	t
21	NAK	53	5	85	U	117	u
22	SYN	54	6	86	V	118	v
23	TB	55	7	87	W	119	w
24	CAN	56	8	88	X	120	x
25	EM	57	9	89	Y	121	y
26	SUB	58	:	90	Z	122	z
27	ESC	59	;	91	[	123	{
28	FS	60	<	92	/	124		
29	GS	61	=	93	]	125	}
30	RS	62	>	94	^	126	~
31	US	63	?	95	—	127	DEL

附录 B C 语言运算符的优先级与结合性

C 语言运算符的优先级与结合性如表 B-1 所示。

表 B-1 C 语言运算符的优先级与结合性

优先级	运算符	功　　能	适用范围	结合性
1	()	整体表达式、参数表	表达式	→
	[]	下标	参数表	
	. V	存取成员	数组	
	->	通过指针存取的成员	结构/联合	
2	!	逻辑非	逻辑运算	←
	~	按位求反	位运算	
	++	加 1	自增	
	--	减 1	自减	
	-	取负	算术运算	
	&	取地址	指针	
	*	取内容	指针	
	(type)	强制类型	类型转换	
	sizeof	计算占用内存长度	变量/数据类型	
3	*	乘	算术运算	→
	/	除		
	%	整数取模		
4	+	加		
	-	减		
5	<<	位左移	位运算	→
	>>	位右移		
6	<	小于	关系运算	→
	<=	小于或等于		
	>	大于		
	>=	大于或等于		
7	==	恒等于		
	!=	不等于		
8	&	按位与	位运算	→
9	^	按位异或		
10	|	按位或		

优先级	运算符	功　能	适用范围	结合性
11	&&	逻辑与	逻辑运算	→
12	||	逻辑或		→
13	?:	条件运算	条件	←
14	= op=	运算且赋值 op 可为下列运算符之一：＊ 、/ 、％ 、＋ 、－ 、<< 、>> 、& 、^ 、|		←
15	,	顺序求值	表达式	→

C 语言运算符的优先级与结合性

附录C C语言常用函数原型及头文件

1. 数学函数

程序中使用数学函数时需要用"♯include < math. h >"。数学函数原型说明与功能如表 C-1 所示。

表 C-1　数学函数原型说明与功能

函数原型说明	功　　能
int abs(int x)	求整数 x 的绝对值
double fabs(double x)	求双精度实数 x 的绝对值
double acos(double x)	计算 arccosx 的值
double asin(double x)	计算 arcsinx 的值
double atan(double x)	计算 arctanx 的值
double atan2(double x)	计算 arctanx/y 的值
double cos(double x)	计算 cosx 的值
double cosh(double x)	计算双曲余弦 coshx 的值
double exp(double x)	求 e^x 的值
double fabs(double x)	求双精度实数 x 的绝对值
double floor(double x)	求不大于双精度实数 x 的最大整数
double fmod(double x,double y)	求 x/y 整除后的双精度余数
double frexp(double val,int ＊ exp)	把双精度 val 分解为尾数和以 2 为底的指数 n,即 $val＝x＊2^n$,n 存放在 exp 所指的变量中
double log(double x)	求 lnx
double log10(double x)	求 lgx
double modf(double val,double ＊ ip)	把双精度 val 分解为整数部分和小数部分,整数部分存放在 ip 所指的变量中
double pow(double x,double y)	计算 x^y 的值
double sin(double x)	计算 sin x 的值
double sinh(double x)	计算 x 的双曲正弦函数 sinhx 的值
double sqrt(double x)	计算 x 的开方
double tan(double x)	计算 tan x
double tanh(double x)	计算 x 的双曲正切函数 tanhx 的值

2. 字符函数

程序中使用字符函数时需要用"♯include < ctype. h >"。字符函数原型说明与功能如表 C-2 所示。

表 C-2　字符函数原型说明与功能

函数原型说明	功　　能
int isalnum(int ch)	检查 ch 是否为字母或数字(若是,则返回 1;否则返回 0)
int isalpha(int ch)	检查 ch 是否为字母(若是,则返回 1;否则返回 0)
int iscntrl(int ch)	检查 ch 是否为控制字符(若是,则返回 1;否则返回 0)
int isdigit(int ch)	检查 ch 是否为数字(若是,则返回 1;否则返回 0)
int isgraph(int ch)	检查 ch 是否为 ASCII 码值在 ox21 到 ox7e 的可打印字符(即不包含空格字符)(若是,则返回 1;否则返回 0)
int islower(int ch)	检查 ch 是否为小写字母(若是,则返回 1;否则返回 0)
int isprint(int ch)	检查 ch 是否为包含空格字符在内的可打印字符(若是,则返回 1;否则返回 0)
int ispunct(int ch)	检查 ch 是否为除了空格、字母、数字之外的可打印字符(若是,则返回 1;否则返回 0)
int isspace(int ch)	检查 ch 是否为空格、制表符或换行符(若是,则返回 1;否则返回 0)
int isupper(int ch)	检查 ch 是否为大写字母(若是,则返回 1;否则返回 0)
int isxdigit(int ch)	检查 ch 是否为十六进制数(若是,则返回 1;否则返回 0)
int tolower(int ch)	把 ch 中的字母转换为小写字母
int toupper(int ch)	把 ch 中的字母转换为大写字母

3. 字符串函数

程序中使用字符串函数时需要用"# include < string. h >"。字符串函数原型说明与功能如表 C-3 所示。

表 C-3　字符串函数原型说明与功能

函数原型说明	功　　能
char * strcat(char * s1,char * s2)	把字符串 s2 接到 s1 后面
char * strchr(char * s,int ch)	在 s 所指字符串中,找出第一次出现字符 ch 的位置
int strcmp(char * s1,char * s2)	对 s1 和 s2 所指字符串进行比较
char * strcpy(char * s1,char * s2)	把 s2 指向的字符串复制到 s1 指向的空间
unsigned strlen(char * s)	求字符串 s 的长度
char * strstr(char * s1,char * s2)	在 s1 所指字符串中,找出字符串 s2 第一次出现的位置

4. 输入输出函数

程序中使用输入输出函数时需要用"# include < stdio. h >"。输入输出函数原型说明与功能如表 C-4 所示。

表 C-4　输入输出函数原型说明与功能

函数原型说明	功　　能
void clearer(FILE * fp)	清除与文件指针 fp 有关的所有出错信息
int fclose(FILE * fp)	关闭 fp 所指的文件,释放文件缓冲区
int feof (FILE * fp)	检查文件是否结束
int fgetc (FILE * fp)	从 fp 所指的文件中取得下一个字符
char * fgets(char * buf,int n, FILE * fp)	从 fp 所指的文件中读取一个长度为 n−1 的字符串,将其存入 buf 所指存储区

C 语言常用函数原型及头文件

续表

函数原型说明	功　能
FILE ＊ fopen(char ＊ filename,char ＊ mode)	以 mode 指定的方式打开名为 filename 的文件
int fprintf(FILE ＊ fp, char ＊ format, args,…)	把 args,…的值以 format 指定的格式输出到 fp 指定的文件中
int fputc(char ch, FILE ＊ fp)	把 ch 中字符输出到 fp 指定的文件中
int fputs(char ＊ str, FILE ＊ fp)	把 str 所指字符串输出到 fp 所指文件中
int fread(char ＊ pt, unsigned size, unsigned n, FILE ＊ fp)	从 fp 所指的文件中读取长度为 size 的 n 个数据项存到 pt 所指文件中
int fscanf (FILE ＊ fp, char ＊ format,args,…)	从 fp 所指的文件中按 format 指定的格式把输入数据存入到 args,…所指的内存中
int fseek (FILE ＊ fp,long offer,int base)	移动 fp 所指文件的位置指针
long ftell (FILE ＊ fp)	求出 fp 所指文件当前的读写位置
int fwrite(char ＊ pt, unsigned size, unsigned n, FILE ＊ fp)	把 pt 所指向的 n ＊ size 个字节输入到 fp 所指文件中
int getc (FILE ＊ fp)	从 fp 所指文件中读取一个字符
int getchar(void)	从标准输入设备读取下一个字符
char ＊ gets(char ＊ s)	从标准设备读取一行字符串放入 s 所指存储区,用 '\0'替换读入的换行符
int printf(char ＊ format,args,…)	把 args,…的值以 format 指定的格式输出到标准输出设备
int putc (int ch, FILE ＊ fp)	同 int fputc(char ch,FILE ＊ fp)
int putchar(char ch)	把 ch 输出到标准输出设备
int puts(char ＊ str)	把 str 所指字符串输出到标准设备,将'\0'转为回车换行符
int rename(char ＊ oldname,char ＊ newname)	把 oldname 所指文件名改为 newname 所指文件名
void rewind(FILE ＊ fp)	将文件位置指针置于文件开头
int scanf(char ＊ format,args,…)	从标准输入设备按 format 指定的格式把输入数据存入到 args,…所指的内存中

5. 动态分配函数和随机函数

程序中使用动态分配函数和随机函数需要用"♯include ＜ stdlib. h＞"。动态分配函数和随机函数原型说明与功能如表 C-5 所示。

表 C-5　动态分配函数和随机函数原型说明与功能

函数原型说明	功　能
void ＊ calloc(unsigned n,unsigned size)	分配 n 个数据项的内存空间,每个数据项的大小为 size 字节
void ＊ free(void ＊ p)	释放 p 所指的内存区
void ＊ malloc(unsigned size)	分配 size 字节的存储空间
void ＊ realloc(void ＊ p,unsigned size)	把 p 所指内存区的大小改为 size 字节
int rand(void)	产生 0～32 767 的随机整数
void exit(int state)	程序终止执行,返回调用过程,state 为 0 则正常终止,state 为非 0 则非正常终止

附录 D 全国计算机等级考试二级 C 语言程序设计考试大纲（2018 年版）

基本要求

1. 熟悉 Visual C++集成开发环境。

2. 掌握结构化程序设计的方法，具有良好的程序设计风格。

3. 掌握程序设计中简单的数据结构和算法并能阅读简单的程序。

4. 在 Visual C++集成环境下，能够编写简单的 C 程序，并具有基本的纠错和调试程序的能力。

考试内容

一、C 语言程序的结构

1. 程序的构成、main 函数和其他函数。

2. 头文件、数据说明、函数的开始和结束标志以及程序中的注释。

3. 源程序的书写格式。

4. C 语言的风格。

二、数据类型及其运算

1. C 的数据类型（基本类型、构造类型、指针类型、无值类型）及其定义方法。

2. C 运算符的种类、运算优先级和结合性。

3. 不同类型数据间的转换与运算。

4. C 表达式类型（赋值表达式、算术表达式、关系表达式、逻辑表达式、条件表达式、逗号表达式）和求值规则。

三、基本语句

1. 表达式语句、空语句、复合语句。

2. 输入输出函数的调用，正确输入数据并正确设计输出格式。

四、选择结构程序设计

1. 用 if 语句实现选择结构。

2. 用 switch 语句实现多分支选择结构。

3. 选择结构的嵌套。

五、循环结构程序设计

1. for 循环结构。

2. while 和 do-while 循环结构。

3. continue 语句和 break 语句。

4. 循环的嵌套。

六、数组的定义和引用

1. 一维数组和二维数组的定义、初始化和数组元素的引用。

2. 字符串与字符数组。

七、函数

1. 库函数的正确调用。

2. 函数的定义方法。

3. 函数的类型和返回值。

4. 形参与实参,参数值的传递。

5. 函数的正确调用,嵌套调用和递归调用。

6. 局部变量和全局变量。

7. 变量的存储类别(自动、静态、寄存器、外部),变量的作用域和生存期。

八、编译预处理

1. 宏定义和调用(不带参数的宏,带参数的宏)。

2. "文件包含"处理。

九、指针

1. 地址与指针变量的概念,地址运算符与间址运算符。

2. 一维、二维数组和字符串的地址以及指向变量、数组、字符串、函数、结构体的指针变量的定义。通过指针引用以上各类型数据。

3. 用指针作为函数参数。

4. 返回地址值的函数。

5. 指针数组,指向指针的指针。

十、结构体(即"结构")与共同体(即"联合")

1. 用 typedef 说明一个新类型。

2. 结构体和共用体类型数据的定义和成员的引用。

3. 通过结构体构成链表,单向链表的建立,节点数据的输出、删除与插入。

十一、位运算

1. 位运算符的含义和使用。

2. 简单的位运算。

十二、文件操作

只要求缓冲文件系统(即高级磁盘 I/O 系统),对非标准缓冲文件系统(即低级磁盘 I/O 系统)不要求。

1. 文件类型指针(FILE 类型指针)。

2. 文件的打开与关闭(fopen、fclose)。

3. 文件的读写(fputc、fgetc、fputs、fgets、fread、fwrite、fprintf、fscanf 函数的应用),文件的定位(rewind、fseek 函数的应用)。

考试方式

上机考试,考试时长 120 分钟,满分 100 分。

1. 题型及分值

单项选择题 40 分(含公共基础知识部分 10 分)。

操作题 60 分(包括程序填空题、程序修改题及程序设计题)。

2. 考试环境

操作系统：中文版 Windows 7。

开发环境：Microsoft Visual C++ 2010 学习版。

全国计算机等级考试二级 C 语言上机题典型题例

一、填空题

1. 给定程序的功能是调用 fun 函数建立班级通讯录。通讯录中记录每位学生的编号、姓名和电话号码。班级的人数和学生的信息从键盘读入,每个人的信息作为一个数据块写到名为 myfile5. dat 的二进制文件中。

请在程序的下画线处填入正确的内容并把下画线删除,使程序得出正确的结果。

```
void check();
/ * * * * * * * * * * found * * * * * * * * * * /
int fun(____1____ * std)
{
/ * * * * * * * * * * found * * * * * * * * * * /
    ____2____ * fp;      int   i;
    if((fp = fopen("myfile5.dat","wb")) == NULL)
        return(0);
    printf("\nOutput data to file !\n");
    for(i = 0; i < N; i++)
/ * * * * * * * * * * found * * * * * * * * * * /
        fwrite(&std[i], sizeof(STYPE), 1, ____3____);
    fclose(fp);
    return (1);
}
```

2. 给定程序的功能是:从键盘输入若干行文本(每行不超过 80 个字符),写到文件 myfile4. txt 中,用 -1 作为字符串输入结束的标记。然后将文件的内容读出并显示在屏幕上。文件的读写分别由自定义函数 ReadText 和 WriteText 实现。

请在程序的下画线处填入正确的内容并把下画线删除,使程序得出正确的结果。

```
main()
{   FILE   * fp;
    if((fp = fopen("myfile4.txt","w")) == NULL)
    {   printf(" open fail!!\n"); exit(0);   }
    WriteText(fp);
    fclose(fp);
    if((fp = fopen("myfile4.txt","r")) == NULL)
```

```
    { printf(" open fail!!\n"); exit(0);  }
    ReadText(fp);
    fclose(fp);
}
/ ********** found ********** /
void WriteText(FILE    1    )
{ char  str[81];
  printf("\nEnter string with − 1 to end :\n");
  gets(str);
  while(strcmp(str," − 1")!= 0) {
/ ********** found ********** /
      fputs(    2    ,fw);  fputs("\n",fw);
      gets(str);
  }
}
void ReadText(FILE  * fr)
{ char  str[81];
  printf("\nRead file and output to screen :\n");
  fgets(str,81,fr);
  while( !feof(fr) ) {
/ ********** found ********** /
      printf(" % s",    3    );
      fgets(str,81,fr);
  }
}
```

3. 给定程序中，函数 fun 的功能是：将自然数 1～10 以及它们的平方根写到名为 myfile3. txt 的文本文件中，然后再顺序读出并显示在屏幕上。

请在程序的下画线处填入正确的内容并把下画线删除，使程序得出正确的结果。

```
int fun(char  * fname )
{ FILE   * fp;        int  i,n;        float  x;
  if((fp = fopen(fname, "w")) == NULL)  return  0;
  for(i = 1;i <= 10;i++)
/ ********** found ********** /
      fprintf(    1    ," % d  % f\n",i,sqrt((double)i));
  printf("\nSucceed!!\n");
/ ********** found ********** /
  2;
  printf("\nThe data in file :\n");
/ ********** found ********** /
  if((fp = fopen(    3    ,"r")) == NULL)
      return  0;
  fscanf(fp," % d % f",&n,&x);
  while(!feof(fp))
    { printf(" % d % f\n",n,x);  fscanf(fp," % d % f",&n,&x);  }
  fclose(fp);
  return  1;
}
```

4. 给定程序的功能是：调用函数 fun 将指定源文件中的内容复制到指定的目标文件中，复制成功时函数返回值为 1，失败时返回值为 0，在复制的过程中，把复制的内容输出到终端屏幕。主函数中源文件名放在变量 sfname 中，目标文件名放在变量 tfname 中。

```c
int fun(char  * source, char  * target)
{  FILE  * fs, * ft;      char  ch;
/ * * * * * * * * * * found * * * * * * * * * * /
    if((fs = fopen(source, ____1____)) == NULL)
       return 0;
    if((ft = fopen(target, "w")) == NULL)
       return 0;
    printf("\nThe data in file :\n");
    ch = fgetc(fs);
/ * * * * * * * * * * found * * * * * * * * * * /
    while(!feof(____2____))
    {  putchar(ch);
/ * * * * * * * * * * found * * * * * * * * * * /
       fputc(ch, ____3____);
       ch = fgetc(fs);
    }
    fclose(fs);  fclose(ft);
    printf("\n\n");
    return  1;
}
```

5. 给定程序中已建立一个带有头节点的单向链表，链表中的各节点按节点数据域中的数据递增、有序。函数 fun 的功能是：把形参 x 的值放入一个新节点并插入链表中，插入后节点数据域的值仍保持递增、有序。

```c
typedef  struct list
{  int   data;
   struct list   * next;
} SLIST;
void fun( SLIST   * h, int   x)
{  SLIST   * p, * q, * s;
   s = (SLIST   * )malloc(sizeof(SLIST));
/ * * * * * * * * * * found * * * * * * * * * * /
   s - > data = ____1____;
   q = h;
   p = h - > next;
   while(p!= NULL && x > p - > data) {
/ * * * * * * * * * * found * * * * * * * * * * /
       q = ____2____;
       p = p - > next;
   }
   s - > next = p;
/ * * * * * * * * * * found * * * * * * * * * * /
   q - > next = ____3____;
}
```

6. 给定程序中已建立一个带有头节点的单向链表,在 main 函数中将多次调用 fun 函数,每调用一次 fun 函数,都输出链表尾部节点中的数据,并释放该节点,使链表缩短。

```
void fun( SLIST  * p)
{  SLIST  * t, * s;
   t = p -> next;     s = p;
   while(t -> next != NULL)
   {  s = t;
/ * * * * * * * * * found * * * * * * * * * /
      t = t ->____1____;
   }
/ * * * * * * * * * found * * * * * * * * * /
   printf(" % d ",____2____);
   s -> next = NULL;
/ * * * * * * * * * found * * * * * * * * * /
   free(____3____);
}
```

7. 给定程序中已建立一个带有头节点的单向链表,链表中的各节点按数据域递增、有序地连接。函数 fun 的功能是:删除链表中数据域值相同的节点,使之只保留一个。

```
typedef   struct list
{  int   data;
   struct list  * next;
} SLIST;
void  fun( SLIST * h)
{  SLIST  * p, * q;
   p = h -> next;
   if (p!= NULL)
   {  q = p -> next;
      while(q!= NULL)
      {  if (p -> data == q -> data)
         {  p -> next = q -> next;
/ * * * * * * * * * found * * * * * * * * * /
            free(____1____);
/ * * * * * * * * * found * * * * * * * * * /
            q = p ->____2____;
         }
         else
         {  p = q;
/ * * * * * * * * * found * * * * * * * * * /
            q = q ->____3____;
         }
      }
   }
}
```

8. 给定程序中,函数 fun 的功能是:在带有头节点的单向链表中,查找数据域值为 ch 的节点。找到后通过函数值返回该节点在链表中所处的顺序号;若不存在值为 ch 的节点,则函数返回 0 值。

```
typedef   struct list
{   int   data;
    struct list   * next;
} SLIST;
SLIST  * creatlist(char  * );
void outlist(SLIST   * );
int fun( SLIST   * h, char   ch)
{   SLIST  * p;          int   n = 0;
    p = h - > next;
/ * * * * * * * * * * found * * * * * * * * * * /
    while(p!=    1    )
    {    n++;
/ * * * * * * * * * found * * * * * * * * * * /
        if (p - > data == ch)   return    2    ;
        else   p = p - > next;
    }
    return 0;
}
```

9. 给定程序中，函数 fun 的功能是：统计出带有头节点的单向链表中的节点个数，存放在形参 n 所指的存储单元中。

```
void fun( SLIST   * h, int   * n)
{   SLIST   * p;
/ * * * * * * * * * * found * * * * * * * * * * /
       1     = 0;
    p = h - > next;
    while(p)
    {   ( * n)++;
/ * * * * * * * * * found * * * * * * * * * * /
        p = p - >    2    ;
    }
}
main()
{   SLIST   * head;
    int   a[N] = {12,87,45,32,91,16,20,48}, num;
    head = creatlist(a);     outlist(head);
/ * * * * * * * * * found * * * * * * * * * * /
    fun(    3    , &num);
    printf("\nnumber = % d\n",num);
}
```

10. 给定程序中，函数 fun 的功能是：计算出带有头节点的单向链表中各节点数据域中值的和，作为函数的返回值。

```
int fun( SLIST   * h)
{   SLIST   * p;          int   s = 0;
```

```
      p = h -> next;
      while(p)
      {
/ ********** found ********** /
          s += p -> ___1___ ;
/ ********** found ********** /
          p = p -> ___2___ ;
      }
      return s;
   }
```

11. 人员记录由编号和出生年月日组成，N 名人员的数据已在主函数中存入结构体数组 std 中，且编号唯一。函数 fun 的功能是：找出编号为空串的数据。

```
/ ********** found ********** /
   ___1___    fun(STU * std, char * num)
{  int  i;       STU  a = {"",9999,99,99};
   for (i = 0; i < N; i++)
/ ********** found ********** /
       if( strcmp(___2___ ,num) == 0 )
/ ********** found ********** /
            return (___3___);
   return  a;
}
```

12. 人员的记录由编号和出生年月日组成，N 名人员的数据已在主函数中存入结构体数组 std 中。函数 fun 的功能是：找出指定出生年份的人员，将其数据放在形参 k 所指的数组中，由主函数输出，同时返回满足指定条件的人数。

```
int fun(STU * std, STU  * k, int  year)
{  int  i,n = 0;
   for (i = 0; i < N; i++)
/ ********** found ********** /
       if( ___1___ == year)
/ ********** found ********** /
          k[n++] = ___2___ ;
/ ********** found ********** /
   return (___3___);
}
```

13. 将一个字符串中由下标为 m 的字符开始的全部字符复制成为另一个字符串。

```
# include < stdio.h >
void strcopy(char * str1,char * str2,int m)
{
   char * p1, * p2;
   / ********** found ********** /
       ___1___
   p2 = str2;
```

```
    while( * p1)
    / * * * * * * * * * * found * * * * * * * * * * /
          2
    / * * * * * * * * * * found * * * * * * * * * * /
          3
}
main()
{
    int m;
    char str1[80],str2[80];
    gets(str1);
    scanf(" % d",&m);
    / * * * * * * * * * * found * * * * * * * * * * /
          4
    puts(str1);puts(str2);
}
```

14. 给定程序通过定义并赋初值的方式,利用结构体变量存储一名学生的学号、姓名和 3 门课程的成绩。函数 modify 的功能是将该学生的各科成绩都乘以一个系数 a。

```
void show(STU   tt)
{   int   i;
    printf(" % d   % s   :   ",tt. num,tt. name);
    for(i = 0; i < 3; i++)
       printf(" % 5.1f",tt. score[i]);
    printf("\n");
}
/ * * * * * * * * * * found * * * * * * * * * * /
void modify(_____1_____ * ss,float   a)
{   int   i;
    for(i = 0; i < 3; i++)
/ * * * * * * * * * * found * * * * * * * * * * /
       ss ->_____2_____ * = a;
}
main()
{   STU   std = { 1,"Zhanghua",76.5,78.0,82.0 };
    float   a;
    printf("\nThe original number and name and scores :\n");
    show(std);
    printf("\nInput a number :   ");   scanf(" % f",&a);
/ * * * * * * * * * * found * * * * * * * * * * /
    modify(_____3_____,a);
    printf("\nA result of modifying :\n");
    show(std);
}
```

15. 给定程序中,函数 fun 的功能是:将形参所指结构体数组中的 3 个元素按 num 成员的值进行升序排列。

```
/ * * * * * * * * * * found * * * * * * * * * * /
void fun(PERSON _____1_____ )
```

```
{
/ ********** found ********** /
        2        temp;
    if(std[0].num > std[1].num)
  {   temp = std[0];   std[0] = std[1];   std[1] = temp;   }
    if(std[0].num > std[2].num)
  {   temp = std[0];   std[0] = std[2];   std[2] = temp;   }
    if(std[1].num > std[2].num)
  {   temp = std[1];   std[1] = std[2];   std[2] = temp;   }
}
main()
{   PERSON   std[ ] = { 5,"Zhanghu",2,"WangLi",6,"LinMin" };
    int   i;
/ ********** found ********** /
    fun(        3        );
    printf("\nThe result is :\n");
    for(i = 0; i < 3; i++)
        printf("% d, % s\n",std[i].num,std[i].name);
}
```

16. 函数 fun 的功能是:将形参 std 所指结构体数组中年龄最大者的数据作为函数值返回,并在主函数中输出。

```
STD fun(STD   std[], int   n)
{   STD   max;            int   i;
/ ********** found ********** /
    max =        1        ;
    for(i = 1; i < n; i++)
/ ********** found ********** /
        if(max.age <        2        )   max = std[i];
    return max;
}
main()
{   STD   std[5] = {"aaa",17,"bbb",16,"ccc",18,"ddd",17,"eee",15   };
    STD   max;
    max = fun(std,5);
    printf("\nThe result: \n");
/ ********** found ********** /
    printf("\nName : % s,   Age :   % d\n",        3        ,max.age);
}
```

17. 给定程序通过定义并赋初值的方式,利用结构体变量存储一名学生的信息。函数 show 的功能是输出这位学生的信息。

```
/ ********** found ********** /
void show(STU        1        )
{   int   i;
    printf("\n% d % s % c % d- % d- % d", tt.num, tt.name, tt.sex,
```

```
                tt.birthday.year, tt.birthday.month, tt.birthday.day);
   for(i = 0; i < 3; i++)
/ * * * * * * * * * found * * * * * * * * * * /
      printf("%5.1f",     2     );
   printf("\n");
}
main()
{  STU  std = { 1,"Zhanghua",'M',1961,10,8,76.5,78.0,82.0 };
   printf("\nA student data:\n");
/ * * * * * * * * * found * * * * * * * * * * /
   show(     3     );
}
```

18. 函数 fun 的功能是：对形参 ss 所指字符串数组中的 M 个字符串按长度由短到长进行排序。假定 ss 所指字符串数组中共有 M 个字符串，且串长小于 N。

```
void fun(char  ( * ss)[N])
{  int   i, j, k, n[M];        char t[N];
   for(i = 0; i < M; i++)  n[i] = strlen(ss[i]);
   for(i = 0; i < M - 1; i++)
   {  k = i;
/ * * * * * * * * * found * * * * * * * * * * /
      for(j =     1     ; j < M; j++)
/ * * * * * * * * * found * * * * * * * * * * /
         if(n[k]> n[j])     2     ;
      if(k!= i)
      {  strcpy(t,ss[i]);
         strcpy(ss[i],ss[k]);
/ * * * * * * * * * found * * * * * * * * * * /
         strcpy(ss[k],     3     );
         n[k] = n[i];
      }
   }
}
```

19. 函数 fun 的功能是：求形参 ss 所指的字符串数组中最长字符串的长度，其余字符串左边用字符 * 补齐，使其与最长的字符串等长。假定字符串数组中共有 M 个字符串。

```
void fun(char  ( * ss)[N])
{  int   i, j, k = 0, n, m, len;
   for(i = 0; i < M; i++)
   {  len = strlen(ss[i]);
      if(i == 0) n = len;
      if(len > n) {
/ * * * * * * * * * found * * * * * * * * * * /
         n = len;     1     = i;
      }
   }
}
```

```
   for(i = 0; i < M; i++)
    if (i != k)
    { m = n;
      len = strlen(ss[i]);
/ ********* found ********* /
      for(j = _____2_____ ; j >= 0; j-- )
         ss[i][m-- ] = ss[i][j];
      for(j = 0; j < n - len; j++)
/ ********* found ********* /
         _____3_____ = ' * ';
    }
}
```

20. 函数 fun 的功能是：求形参 ss 所指字符串数组中最长字符串的长度，其余字符串右边用字符 * 补齐，使其与最长的字符串等长。假定 ss 所指的字符串数组中共有 M 个字符串。

```
void fun(char   ( * ss)[N])
{  int   i, j, n, len = 0;
   for(i = 0; i < M; i++)
   {  len = strlen(ss[i]);
      if(i == 0) n = len;
      if(len > n)n = len;
   }
   for(i = 0; i < M; i++) {
/ ********* found ********* /
      n = strlen(_____1_____);
      for(j = 0; j < len - n; j++)
/ ********* found ********* /
         ss[i][ _____2_____ ] = ' * ';
/ ********* found ********* /
      ss[i][n + j + _____3_____ ] = '\0';
   }
}
```

21. 函数 fun 的功能是：求 ss 所指字符串数组中长度最长的字符串所在的行下标，作为函数值返回，并把其串长放在形参 n 所指变量中。假定 ss 所指字符串数组中共有 M 个字符串。

```
# define   N   20
/ ********* found ********* /
int fun(char  ( * ss) _____1_____ , int  * n)
{  int  i, k = 0, len = 0;
   for(i = 0; i < M; i++)
   {  len = strlen(ss[i]);
/ ********* found ********* /
      if(i == 0)  * n = _____2_____ ;
      if(len > * n) {
```

```
/ ********** found ********** /
        ___3___ ;
        k = i;
      }
    }
  return(k);
}
```

22. 函数 fun 的功能是：求 ss 所指字符串数组中长度最短的字符串所在的行下标，作为函数值返回，并把其串长放在形参 n 所指变量中。

```
int fun(char  ( * ss)[N], int  * n)
{   int   i, k = 0, len = N;
/ ********** found ********** /
    for(i = 0; i <___1___ ; i++)
    {   len = strlen(ss[i]);
      if(i == 0)   * n = len;
/ ********** found ********** /
      if(len ___2___  * n)
      {   * n = len;
        k = i;
      }
    }
/ ********** found ********** /
  return(___3___);
}
```

23. 函数 fun 的功能是：将 s 所指字符串中的所有数字字符转移到所有非数字字符之后，并保持数字字符和非数字字符原有的前后次序。

```
void fun(char   * s)
{   int   i, j = 0, k = 0;    char   t1[80], t2[80];
    for(i = 0; s[i]!= '\0'; i++)
      if(s[i] >= '0' && s[i] <= '9')
      {
/ ********** found ********** /
        t2[j] = s[i]; ___1___ ;
      }
      else  t1[k++] = s[i];
  t2[j] = 0;   t1[k] = 0;
/ ********** found ********** /
  for(i = 0; i < k; i++) ___2___ ;
/ ********** found ********** /
  for(i = 0; i <___3___ ; i++)  s[k + i] = t2[i];
}
```

24. 函数 fun 的功能是：统计形参 s 所指字符串中数字字符出现的次数，并存放在形参 t 所指的变量中，最后在主函数中输出。

```
void fun(char   * s, int   * t)
{   int i, n;
    n = 0;
/ ********** found ********** /
    for(i = 0; _____1_____ != NULL; i++)
/ ********** found ********** /
        if(s[i]> = '0'&&s[i]< = _____2_____ ) n++;
/ ********** found ********** /
    _____3_____ ;
}
```

25. 函数 fun 的功能是：把形参 s 所指字符串中下标为奇数的字符右移到下一个奇数的位置，最后一个被移出字符串的字符放到第一个奇数位置，下标为偶数的字符不动。

```
void fun(char   * s)
{   int   i, n, k;     char c;
    n = 0;
    for(i = 0; s[i]!= '\0'; i++)   n++;
/ ********** found ********** /
    if(n % 2 == 0) k = n - _____1_____ ;
    else        k = n - 2;
/ ********** found ********** /
    c = _____2_____ ;
    for(i = k - 2; i> = 1; i = i - 2)   s[i + 2] = s[i];
/ ********** found ********** /
    s[1] = _____3_____ ;
}
```

26. 函数 fun 的功能是：对形参 s 所指字符串中下标为奇数的字符按 ASCII 码大小递增排序，并将排序后下标为奇数的字符取出，存入形参 p 所指字符数组中，形成一个新串。

```
void fun(char   * s, char   * p)
{   int   i, j, n, x, t;
    n = 0;
    for(i = 0; s[i]!= '\0'; i++)   n++;
    for(i = 1; i < n - 2; i = i + 2) {
/ ********** found ********** /
        _____1_____ ;
/ ********** found ********** /
        for(j = _____2_____ +2; j < n; j = j + 2)
            if(s[t]> s[j]) t = j;
        if(t!= i)
        {   x = s[i]; s[i] = s[t]; s[t] = x; }
    }
    for(i = 1,j = 0; i < n; i = i + 2, j++)   p[j] = s[i];
/ ********** found ********** /
    p[j] = _____3_____ ;
}
```

27. 函数 fun 的功能是：在形参 s 所指字符串中寻找一个与参数 c 相同的字符，并在其后插入一个与之相同的字符。若找不到相同的字符，则函数不做任何处理。

```
void fun(char  * s, char  c)
{   int   i, j, n;
/ * * * * * * * * * found * * * * * * * * * * /
  for(i = 0; s[i]!=       1      ; i++)
     if(s[i] == c)
     {
/ * * * * * * * * * found * * * * * * * * * * /
        n =       2      ;
        while(s[i + 1 + n]!= '\0')   n++;
        for(j = i + n + 1; j > i; j - - )   s[j + 1] = s[j];
/ * * * * * * * * * found * * * * * * * * * * /
        s[j + 1] =       3      ;
        i = i + 1;
     }
}
```

28. 函数 fun 的功能是：有 N×N 的矩阵，根据给定的 m 的值，将每行元素中的值均右移 m 个位置，左边置为 0。

```
# define    N    4
void fun(int  ( * t)[N], int  m)
{   int   i, j;
/ * * * * * * * * * found * * * * * * * * * * /
  for(i = 0; i < N;      1     )
  {   for(j = N - 1 - m; j > = 0; j - - )
/ * * * * * * * * * found * * * * * * * * * * /
        t[i][j +      2      ] = t[i][j];
/ * * * * * * * * * found * * * * * * * * * * /
     for(j = 0; j <      3      ; j++)
        t[i][j] = 0;
  }
}
```

29. 函数 fun 的功能是：将 N×N 的矩阵中元素按列右移 1 个位置，右边被移出矩阵的元素绕回放在矩阵左边。

```
void fun(int  ( * t)[N])
{   int   i, j, x;
/ * * * * * * * * * found * * * * * * * * * * /
  for(i = 0; i <      1     ; i++)
  {
/ * * * * * * * * * found * * * * * * * * * * /
        x = t[i][      2      ] ;
        for(j = N - 1; j > = 1; j - - )
           t[i][j] = t[i][j - 1];
```

```
/ ********** found ********** /
        t[i][_____3_____] = x;
    }
}
```

30. 函数 fun 的功能是：有 N×N 矩阵，将矩阵的外围元素顺时针旋转，操作顺序是：首先将第一行元素的值存入临时数组 r 中，然后使第一列成为第一行，最后一行成为第一列，最后一列成为最后一行。临时数组中的元素成为最后一列。

```
void fun(int   ( * t)[N])
{  int  j,r[N];
   for(j = 0; j < N; j++)  r[j] = t[0][j];
   for(j = 0; j < N; j++)
/ ********** found ********** /
       t[0][N - j - 1] = t[j][_____1_____];
   for(j = 0; j < N; j++)
       t[j][0] = t[N - 1][j];
/ ********** found ********** /
   for(j = N - 1; j >= 0;_____2_____ )
       t[N - 1][N - 1 - j] = t[j][N - 1];
   for(j = N - 1; j >= 0; j-- )
/ ********** found ********** /
       t[j][N - 1] = r[_____3_____];
}
```

31. 函数 fun 的功能是：有 N×N 矩阵，以主对角线为对称线，将对称元素相加并将结果存放在左下三角元素中，右上三角元素置为 0。

```
/ ********** found ********** /
void fun(int   ( * t)_____1_____ )
{  int   i, j;
   for(i = 1; i < N; i++)
   {  for(j = 0; j < i; j++)
      {
/ ********** found ********** /
          _____2_____ = t[i][j] + t[j][i];
/ ********** found ********** /
          _____3_____ = 0;
      }
   }
}
```

32. 函数 fun 的功能是：将 N×N 矩阵主对角线元素中的值与反向对角线对应位置上的元素中的值进行交换。

```
#define    N    4
/ ********** found ********** /
void fun(int   _____1_____ , int   n)
```

```
{  int  i,s;
/ * * * * * * * * * found * * * * * * * * * /
   for(____2____; i++)
   {  s = t[i][i];
      t[i][i] = t[i][n − i − 1];
/ * * * * * * * * * found * * * * * * * * * /
      t[i][n − 1 − i] = ____3____;
   }
```

33. 函数 fun 的功能是：计算 N×N 矩阵的主对角线元素和反向对角线元素之和，并作为函数值返回。

注意：要求先累加主对角线元素中的值，然后累加反对角线元素中的值。

```
fun(int  t[][N], int  n)
{  int  i, sum;
/ * * * * * * * * * found * * * * * * * * * /
   ____1____;
   for(i = 0; i < n; i++)
/ * * * * * * * * * found * * * * * * * * * /
   sum += ____2____;
   for(i = 0; i < n; i++)
/ * * * * * * * * * found * * * * * * * * * /
   sum += t[i][n − i − ____3____];
   return sum;
}
```

34. 函数 fun 的功能是：把形参 a 所指数组中的奇数按原顺序依次存放到 a[0],a[1],… 中，把偶数从数组中删除，奇数个数通过函数值返回。

```
int fun(int  a[], int  n)
{  int  i,j;
   j = 0;
   for (i = 0; i < n; i++)
/ * * * * * * * * * found * * * * * * * * * /
      if (a[i] % 2 == ____1____)
      {
/ * * * * * * * * * found * * * * * * * * * /
         a[j] = a[i]; ____2____;
      }
/ * * * * * * * * * found * * * * * * * * * /
   return ____3____;
}
```

35. 函数 fun 的功能是：把形参 a 所指数组中的偶数按原顺序依次存放到 a[0],a[1],… 中，把奇数从数组中删去，偶数个数通过函数值返回。

```
int fun(int  a[], int  n)
{  int  i,j;
   j = 0;
   for (i = 0; i < n; i++)
```

```
/ ********** found ********** /
     if (   1    == 0) {
/ ********** found ********** /
        2    = a[i]; j++;
     }
/ ********** found ********** /
   return    3    ;
}
```

36. 函数 fun 的功能是：把形参 a 所指数组中的最小值放在元素 a[0]中,接着把形参 a 所指数组中的最大值放在元素 a[1]中；再把 a 所指数组中的次小元素放在 a[2]中,把 a 所指的数组元素中的次大元素放在 a[3]中；其余以此类推。

```
void fun(int   a[], int   n)
{  int   i,j, max, min, px, pn, t;
   for (i = 0; i < n-1; i += 2)
   {
/ ********** found ********** /
     max = min =    1    ;
     px = pn = i;
     for (j = i + 1; j < n; j++) {
/ ********** found ********** /
        if (max<    2    )
        {   max = a[j]; px = j;   }
/ ********** found ********** /
        if (min>    3    )
        {   min = a[j]; pn = j;   }
     }
     if (pn != i)
     {   t = a[i]; a[i] = min; a[pn] = t;
        if (px == i) px = pn;
     }
     if (px != i + 1)
     {   t = a[i + 1]; a[i + 1] = max; a[px] = t; }
   }
}
```

37. 函数 fun 的功能是:把形参 a 所指数组中的最大值放在 a[1]中,接着求出 a 所指数组中的最小值放在 a[1]中；再把 a 所指数组元素的次大值放在 a[2]中,把 a 数组元素中的次小值放在 a[3]中；其余以此类推。

```
/ ********** found ********** /
void fun(int      1     , int   n)
{  int   i, j, max, min, px, pn, t;
/ ********** found ********** /
   for (i = 0; i < n - 1; i +=    2    )
   {   max = min = a[i];
      px = pn = i;
/ ********** found ********** /
```

```
    for (j = ____3____; j < n; j++)
    { if (max < a[j])
       { max = a[j]; px = j; }
       if (min > a[j])
       { min = a[j]; pn = j; }
    }
    if (px != i)
    { t = a[i]; a[i] = max; a[px] = t;
       if (pn == i) pn = px;
    }
    if (pn != i + 1)
    { t = a[i + 1]; a[i + 1] = min; a[pn] = t; }
  }
}
```

38. 函数 fun 的功能是：将形参 a 所指的数组中前半部分元素中的值和后半部分元素中的值对调，形参 n 中存放数组中元素的个数，若 n 为奇数，则中间的元素不动。

```
void fun(int  a[], int  n)
{   int  i, t, p;
/ ********** found ********** /
    p = (n % 2 == 0)?n/2:n/2 + ____1____;
    for (i = 0; i < n/2; i++)
    {
        t = a[i];
/ ********** found ********** /
        a[i] = a[p + ____2____];
/ ********** found ********** /
        ____3____ = t;
    }
}
```

39. 函数 fun 的功能是：逆置数组 a 元素中的值。

```
void fun(int  a[], int  n)
{   int  i,t;
/ ********** found ********** /
    for (i = 0; i < ____1____; i++)
    {
        t = a[i];
/ ********** found ********** /
        a[i] = a[n - 1 - ____2____];
/ ********** found ********** /
        ____3____ = t;
    }
}
```

40. 函数 fun 的功能是进行数字字符转换。若形参 ch 中是数字字符 0～9，则 0 转换为 9，1 转换为 8，2 转换为 7，……，9 转换为 0；若是其他字符则保持不变，并将转换后的结果作为函数值返回。

```
#include<stdio.h>
/ ********** found ********** /
_____1_____ fun(char  ch)
{
/ ********** found ********** /
   if (ch>='0' && ____2____ )
/ ********** found ********** /
      return  '9' - (ch- ____3____ );
   return  ch ;
}
```

41. 函数 fun 的功能是进行字母转换。若形参 ch 中是小写英文字母,则转换为对应的大写英文字母;若 ch 中是大写英文字母,则转换为对应的小写英文字母;若是其他字符则保持不变,并将转换后的结果作为函数值返回。

```
char fun(char  ch)
{
/ ********** found ********** /
   if ((ch>='a') ____1____ (ch<='z'))
      return  ch - 'a' + 'A';
   if ( isupper(ch) )
/ ********** found ********** /
      return  ch + 'a' - ____2____ ;
/ ********** found ********** /
   return  ____3____ ;
}
```

二、改错题

1. 函数 fun 的功能是:先将在字符串 s 中的字符按正序存放到字符串 t 中,然后把 s 中的字符按逆序连接到 t 后面。

例如,当 s 中的字符串为"ABCDE"时,t 中的字符串应为"ABCDEEDCBA"。

请改正程序中的错误,使其能得出正确的结果。

注意:不要改动 main 函数,不能增行或删行,也不得更改程序的结构。

```
void fun (char  * s, char  * t)
{   int i, sl;
    sl = strlen(s);
/ *********** found *********** /
    for( i=0; i<=sl; i++)
       t[i] = s[i];
    for (i=0; i<sl; i++)
    t[sl+i] = s[sl-i-1];
/ *********** found *********** /
    t[sl] = '\0';
}
```

2. 函数 fun 的功能是：从低位开始取出长整型变量 s 中的奇数位上的数字，依次构成一个新数放在 t 中，高位仍放在高位，低位仍放在低位。

例如，当 s 中的数为 7654321 时，t 中的数为 7531。

请改正程序中的错误，使其能得出正确的结果。

注意：不要改动 main 函数，不能增行或删行，也不得更改程序的结构。

```
# include < stdio. h >
/ * * * * * * * * * * * * found * * * * * * * * * * * * /
void fun (long    s, long t)
{    long    sl = 10;
     * t = s % 10;
     while ( s > 0 )
     {    s = s/100;
          * t = s % 10 * sl + * t;
/ * * * * * * * * * * * * found * * * * * * * * * * * * /
     sl = sl * 100;
     }
}
```

3. 给定程序 MODI1. c 中 fun 函数的功能是：将 n 个无序整数从小到大排序。

```
fun ( int   n, int    * a )
{   int   i, j, p, t;
    for ( j = 0; j < n − 1 ; j++)
    {   p = j;
/ * * * * * * * * * * * * found * * * * * * * * * * * * /
    for ( i = j + 1; i < n − 1 ; i++)
      if ( a[p] > a[i] )
/ * * * * * * * * * * * * found * * * * * * * * * * * * /
          t = i;
      if ( p!= j )
    { t = a[j]; a[j] = a[p]; a[p] = t; }
   }
}
```

4. 函数 fun 的功能是：将长整型数中每一位为偶数的数字依次取出，构成一个新数放在 t 中。高位仍在高位，低位仍在低位。

例如，当 s 中的数为 87653142 时，t 中的数为 8642。

```
void fun (long   s, long * t)
{ int    d;
  long    sl = 1;
    * t = 0;
    while ( s > 0 )
    { d = s % 10;
/ * * * * * * * * * * * * found * * * * * * * * * * * * /
      if (d % 2 = 0)
```

```
        {  *t = d* sl + *t;
            sl *= 10;
        }
/ ************ found ************ /
        s \= 10;
    }
}
```

5. 函数 fun 的功能是：计算正整数 num 的各位上的数字之积。例如，若输入 252，则输出应该是 20。若输入 202，则输出应该是 0。

```
long  fun (long num)
{
/ ************ found ************ /
  long k;
  do
  { k *= num % 10 ;
/ ************ found ************ /
    num\= 10 ;
  } while(num) ;
  return  (k) ;
}
```

6. 给定程序 MODI1.C 中函数 fun 的功能是：将字符串中的字符按逆序输出，但不改变字符串中的内容。

例如，若字符串为"abcd"，则应输出"dcba"。

```
/ ************ found ************ /
fun (char a)
{  if ( *a)
   {  fun(a + 1) ;
/ ************ found ************ /
      printf(" % c" *a) ;
   }
}
```

7. 给定程序 MODI1.C 中函数 fun 的功能是：用选择法对数组中的 n 个元素按从小到大的顺序进行排序。

```
void  fun(int a[], int n)
{ int i, j, t, p;
  for (j = 0 ;j < n - 1 ;j++) {
/ ************ found ************ /
    p = j
    for (i = j;i < n; i++)
      if(a[i] < a[p])
/ ************ found ************ /
        p = j;
```

```
        t = a[p] ; a[p] = a[j] ; a[j] = t;
    }
}
```

8. 给定程序 MODI1. C 中函数 fun 的功能是：删除 p 所指字符串中的所有空白字符（包括制表符、回车符及换行符）。输入字符串时用"♯"结束输入。

```
fun ( char * p)
{   int i,t;   char c[80];
/ ************* found ************ /
   For (i = 0,t = 0; p[i] ; i++)
      if(!isspace( * (p + i))) c[t++] = p[i];
/ ************* found ************ /
   c[t] = "\0";
   strcpy(p,c);
}
```

9. 给定程序 MODI1. C 中函数 fun 的功能是：求 s 所指字符串中最后一次出现的 t 所指子字符串的地址，通过函数返回值返回，在主函数中输出从此地址开始的字符串；若未找到，则函数值为 NULL。

例如，当字符串中的内容为"abcdefabcdx"且 t 中的内容为"ab"时，输出的结果应是"abcdx"，当字符串中的内容为"abcdefabcdx"且 t 中的内容为"abd"时，则程序输出未找到信息，即 not be found。

```
char * fun (char  * s,  char * t )
{
   char  * p , * r, * a;
/ *********** found ********** /
   a = Null;
   while ( * s )
   {   p = s;   r = t;
      while ( * r )
/ *********** found ********** /
         if ( r == p )
         { r++;  p++; }
         else  break;
      if ( * r == '\0') a = s;
      s++;
   }
   return  a ;
}
```

10. 函数 fun 的功能是：将 s 所指字符串中出现的、与 t1 所指字符串相同的子串全部替换成 t2 所指字符串，所形成的新串放在 w 所指的数组中，此处要求 t1 和 t2 所指字符串的长度相同。

```
int fun (char  * s,  char * t1, char * t2 , char * w)
{
   int  i;      char  * p , * r, * a;
```

```
    strcpy( w, s );
    while ( * w )
    { p = w;    r = t1;
/ * * * * * * * * * * * * found * * * * * * * * * * * * /
      while ( r )
        if ( * r == * p )  { r++;  p++; }
        else  break;
      if ( * r == '\0' )
      {   a = w;   r = t2;
        while ( * r ){
/ * * * * * * * * * * * * found * * * * * * * * * * * * /
          * a = * r; a++; r++
        }
        w += strlen(t2) ;
      }
      else w++;
    }
}
```

11. 函数 fun 的功能是：从 s 所指字符串中，找出与 t 所指字符串相同的子串的个数，作为函数返回值。

例如，当 s 所指字符串中的内容为"abcdabfab"，t 所指字符串的内容为"ab"时，函数返回整数 3。

```
int fun (char    * s,   char * t)
{
  int   n;       char   * p , * r;
  n = 0;
  while ( * s )
  {   p = s;   r = t;
      while ( * r )
        if ( * r == * p )  {
/ * * * * * * * * * * * found * * * * * * * * * * * /
          r++;  p++
        }
        else   break;
/ * * * * * * * * * * * found * * * * * * * * * * * /
      if ( r == '\0' )
        n++;
      s++;
  }
  return  n;
}
```

12. 给定程序的功能是：读入一个整数 $k(2<k<1000)$，打印它的所有因子。例如，读入 2310，则应输出 2,3,5,7,11。

```
/ * * * * * * * * * * * * found * * * * * * * * * * * * /
IsPrime ( int  n );
{   int   i,  m;
```

```
    m = 1;
    for ( i = 2;  i < n;  i++  )
/ ************ found ************ /
    if  !( n % i )
    {    m = 0;    break ;   }
    return ( m );
}
```

13. 函数 fun 的功能是：求 k! (k＜13)，所求阶乘的值作为函数值返回。例如，若 k＝10，则应输出 3628800。

```
long  fun ( int   k )
{
/ ************ found ************ /
    if  k > 0
      return ( k * fun( k − 1 ));
/ ************ found ************ /
    else if ( k = 0 )
      return 1L;
}
```

14. 函数 fun 的功能是：将 m 个字符串连接起来组成一个新串，放入 pt 所指存储区中。

```
int  fun ( char  str[][10], int  m, char   * pt )
{
/ ************ found ************ /
    Int  k, q, i ;
    for ( k = 0; k < m; k++)
    {  q = strlen ( str [k] );
       for (i = 0; i < q; i++)
/ ************ found ************ /
        pt[i] = str[k,i] ;
       pt += q ;
       pt[0] = 0 ;
    }
}
```

15. 函数 fun 的功能是实现两个整数的交换。例如，给 a 和 b 分别输入 60 和 65，输出为 a＝65 b＝60。

```
/ ********* found ********* /
void  fun ( int  a, b )
{ int   t;
/ ********* found ********* /
  t = b;  b = a;  a = t;
}
```

16. 函数 fun 的功能是：求数组 a 中的最大数和次大数，并把最大数和 a[0] 中的数对调，次大数和 a[1] 中的数对调。

```
int  fun ( int  * a, int  n )
{  int i, m, t, k ;
   for( i = 0; i < 2; i++) {
/ * * * * * * * * * * found * * * * * * * * * * /
      m = 0;
      for( k = i + 1; k < n; k++)
/ * * * * * * * * * * found * * * * * * * * * * /
         if( a[ k ] > a[ m ]) k = m;
      t = a[ i ]; a[ i ] = a[ m ]; a[ m ] = t;
   }
}
```

17. 函数 fun 的功能是：判断 ch 中字符是否与 str 所指字符串中的某个字符相同；若相同，什么也不做；若不同，则将其插在字符串的最后。

```
# include < string. h >
/ * * * * * * * * * * found * * * * * * * * * * /
void fun(char str, char ch )
{   while (   * str && * str != ch ) str++;
/ * * * * * * * * * * found * * * * * * * * * * /
    if (   * str == ch  )
    {  str [ 0 ] = ch;
/ * * * * * * * * * * found * * * * * * * * * * /
        str[1] = '0';
    }
}
```

18. 函数 fun 的功能是计算整数 n 的阶乘。

```
double fun( int n )
{
   double result = 1.0;
   while (n > 1 && n < 170)
/ * * * * * * * * * found * * * * * * * * * /
      result * = -- n;
/ * * * * * * * * found * * * * * * * * /
   return n;
}
```

19. 函数 fun 的功能是：将 p 所指字符串中每个单词的最后一个字母改成大写。

```
# include < stdio. h >
void fun( char * p )
{
   int k = 0;
   for( ; * p; p++)
```

```
    if( k )
    {
/ ********** found ********** /
    if( p == '' )
    {
      k = 0;
/ ********** found ********** /
      * ( p - 1 ) = toupper( * ( p - 1 ) )
    }
  }
  else
    k = 1;
}
```

20. 函数 fun 的功能是：根据形参 m，计算如下公式的值。

$$t = 1 + \frac{1}{2} + \frac{1}{3} + \frac{1}{4} + \cdots + \frac{1}{m}$$

例如，若输入 5，则应输出 2.283333。

```
double fun( int m )
{
  double t = 1.0;
  int i;
  for( i = 2; i <= m; i++ )
/ ********** found ********** /
    t += 1.0/k;
/ ********** found ********** /
  return m;
}
```

21. 函数 fun 的功能是：将 tt 所指字符串中的小写字母都改为对应的大写字母，其他字符不变。

```
char * fun( char tt[] )
{
  int i;
  for( i = 0; tt[i]; i++ )
/ ********** found ********** /
    if(( 'a' <= tt[i] )||( tt[i] <= 'z' ))
/ ********** found ********** /
      tt[i] += 32;
  return( tt );
}
```

22. 函数 fun 的功能是：用冒泡法对 6 个字符串按由小到大的顺序进行排序。

```
fun (char * pstr[6])
{   int  i, j;
    char * p ;
    for (i = 0 ; i < 5 ; i++) {
```

```
/ ************* found ************* /
    for (j = i + 1, j < 6, j++)
    {
      if(strcmp( * (pstr + i), * (pstr + j)) > 0)
      {
          p = * (pstr + i) ;
/ ************* found ************* /
          * (pstr + i) = pstr + j ;
          * (pstr + j) = p ;
      }
    }
  }
}
```

23. 函数 fun 的功能是：通过某种方式实现两个变量值的交换，规定不允许增加语句和表达式。

```
int fun( int * x, int y)
{
  int t ;
/ ************* found ************* /
  t = x ; x = y ;
/ ************* found ************* /
  return(y) ;
}
```

24. 函数 fun 的功能是：求 s＝aa…aa－…－aaa－aa－a。

```
long fun (int a, int n)
{   int  j ;
/ ************* found ************* /
    long  s = 0,  t = 1 ;
    for ( j = 0 ; j < n ; j++)
       t = t * 10 + a ;
    s = t ;
    for ( j = 1 ; j < n ; j++) {
/ ************* found ************* /
       t = t % 10 ;
       s = s - t ;
    }
    return(s) ;
}
```

25. 函数 fun 的功能是：用下面公式求 π 的近似值，直到最后一项的绝对值小于指定的数为止。

$$\frac{\pi}{4} = 1 - \frac{1}{3} + \frac{1}{5} - \frac{1}{7} + \cdots$$

```
float fun ( float num )
{    int s ;
     float n, t, pi ;
     t = 1; pi = 0 ; n = 1 ;   s = 1 ;
/ ************* found ************* /
     while(t > = num)
     {
          pi = pi + t ;
          n = n + 2 ;
          s = - s ;
/ ************* found ************* /
          t = s % n ;
     }
     pi = pi * 4 ;
     return pi ;
}
```

26. 在主函数中从键盘输入若干数放入数组中,用 0 结束输入并放在最后一个元素中。函数 fun 的功能是：计算数组元素中值为正数的平均值。

```
double fun (int x[ ])
{
/ *********** found *********** /
  int sum = 0.0;
  int c = 0, i = 0;
  while (x[ i ] != 0)
  { if (x[ i ] > 0) {
        sum += x[ i ]; c++; }
     i++;
  }
/ *********** found *********** /
  sum \ = c;
  return sum;
}
```

27. 函数 fun 的功能是：计算并输出 high 以内最大的 10 个素数之和。high 的值由主函数传给 fun 函数。

```
int fun( int   high )
{ int sum = 0, n = 0,   j,   yes;
/ *********** found *********** /
  while ((high > = 2) && (n < 10)
  {   yes = 1;
      for (j = 2; j < = high/2; j++)
      if (high % j == 0 ){
/ *********** found *********** /
         yes = 0; break
      }
      if (yes) { sum += high; n++; }
      high -- ;
  }
  return sum ;
}
```

28. 函数 fun 的功能是：计算并输出下列级数的前 n 项之和 S_n，直到 S_{n+1} 大于 q 为止，q 的值通过形参传入。

$$S_n = \frac{2}{1} + \frac{3}{2} + \frac{4}{3} + \cdots + \frac{n+1}{n}$$

```
double  fun( double q )
{ int n; double  s,t;
  n = 2;
  s = 2.0;
  while (s < = q)
  {
    t = s;
/ * * * * * * * * * * * found * * * * * * * * * * * * /
    s = s + (n + 1)/n;
    n++;
  }
  printf("n = % d\n",n);
/ * * * * * * * * * * * found * * * * * * * * * * * * /
  return s;
}
```

29. 函数 fun 的功能是：计算 s=f(-n)+f(-n+1)+⋯+f(0)+f(1)+f(2)+⋯+f(n)的值。当 n 为 5 时，函数值应为 10.407143。函数 f(x)定义如下：

```
/ * * * * * * * * * * * found * * * * * * * * * * * * /
f(double x)
{
    if (x == 0.0 || x == 2.0)
      return 0.0;
    else if (x < 0.0)
      return (x - 1)/(x - 2);
    else
      return (x + 1)/(x - 2);
}

double fun(  int  n )
{  int i;  double  s = 0.0, y;
    for (i = - n; i < = n; i++)
    {y = f(1.0 * i); s += y;}
/ * * * * * * * * * * * found * * * * * * * * * * * * /
    return s
}
```

30. 函数 fun 的功能是：计算函数 F(x,y,z)=(x+y)/(x−y)+(z+y)/(z−y)的值。其中，x 和 y 的值不等，z 和 y 的值不等。

```
# include < stdlib. h >
/ * * * * * * * * * * * found * * * * * * * * * * * * /
# define   FU(m,n)    (m/n)
```

```
float fun(float a,float b,float c)
{   float   value;
    value = FU(a + b,a − b) + FU(c + b,c − b);
/ * * * * * * * * * * * * found * * * * * * * * * * * /
    return(Value);
}
```

31. 由 N 个有序整数数组组成的数列已放在一维数组中,则函数 fun 的功能是:利用折半查找法查找整数 m 在整数数组中的位置。若找到,则返回其下标;反之,则返回−1。

```
/ * * * * * * * * * * * * found * * * * * * * * * * * /
void fun( int   a[], int   m )
{   int   low = 0, high = N − 1, mid;
    while(low < = high)
    {   mid = (low + high)/2;
        if(m < a[mid])
           high = mid − 1;
/ * * * * * * * * * * * * found * * * * * * * * * * * /
        else If(m > a[mid])
           low = mid + 1;
        else   return(mid);
    }
    return( − 1);
}
```

32. 函数 fun 和 funx 的功能是:用二分法求方程的一个根,并要求绝对误差不超过 0.001。

```
double funx(double   x)
{   return(2 * x * x * x − 4 * x * x + 3 * x − 6);  }
double fun( double   m, double   n)
{
/ * * * * * * * * * * * * found * * * * * * * * * * * /
    int   r;
    r = (m + n)/2;
/ * * * * * * * * * * * * found * * * * * * * * * * * /
    while(fabs(n − m)< 0.001)
    {   if(funx(r) * funx(n)< 0)   m = r;
    else   n = r;
    r = (m + n)/2;
    }
    return   r;
}
```

33. 函数 fun 的功能是:求两个非零正整数的最大公约数,并作为函数值返回。

```
int   fun( int   a, int   b)
{   int   r,t;
```

```
     if(a < b) {
/ * * * * * * * * * * * found * * * * * * * * * * * * /
      t = a; b = a; a = t;
     }
    r = a % b;
    while(r != 0)
    {  a = b; b = r; r = a % b; }
/ * * * * * * * * * * * found * * * * * * * * * * * * /
    return(a);
}
```

34. 函数 fun 的功能是按以下递归公式求函数值。

$$f(x) = \begin{cases} 10 & (x = 1) \\ f(x-1) + 2 & (x > 1) \end{cases}$$

```
/ * * * * * * * * * * * found * * * * * * * * * * * * /
fun (n)
{  int  c;
/ * * * * * * * * * * * found * * * * * * * * * * * * /
   if(n = 1)
     c = 10 ;
   else
     c = fun(n - 1) + 2;
   return(c);

}
```

35. 函数 fun 的功能是：用递归算法计算斐波那契数列中第 n 项的值，从第一项起，斐波那契数列为 1、1、2、3、5、8、13、21……。

```
long fun(int  g)
{
/ * * * * * * * * * * found * * * * * * * * * * /
    switch(g);
    {  case 0: return 0;
/ * * * * * * * * * * found * * * * * * * * * * /
      case 1 ; case 2 : return 1 ;
    }
    return( fun(g - 1) + fun(g - 2) );
}
```

36. 函数 fun 的功能是：按顺序给 s 所指数组中的元素赋予从 2 开始的偶数，然后再按顺序对每 5 个元素求平均值，并将这些值依次存放在 w 所指的数组中，若 s 所指数组元素的个数不是 5 的倍数，多余部分忽略不计。

```
fun(double  * s, double  * w)
{  int  k, i;    double  sum;
    for(k = 2, i = 0; i < SIZE; i++)
    {   s[ i] = k;    k += 2;   }
```

```
/ ********** found ********** /
    sun = 0.0;
    for(k = 0, i = 0; i < SIZE; i++)
    {   sum += s[i];
/ ********** found ********** /
        if(i + 1 % 5 == 0)
        {   w[k] = sum/5;  sum = 0;  k++; }
    }
    return  k;
}
```

37. 函数 fun 的功能是：把主函数中输入的 3 个数，最大的放在 a 中，最小的放在 c 中，中间的放在 b 中。

```
void  fun(float * a, float * b, float * c)
{
/ ********** found ********** /
    float  * k;
    if( * a < * b )
    {   k = * a;  * a = * b;  * b = k; }
/ ********** found ********** /
    if( * a > * c )
    {   k = * c;  * c = * a;  * a = k; }
    if( * b < * c )
    {   k = * b;  * b = * c;  * c = k; }
}
```

38. 函数 fun 的功能是：将一个由八进制数字字符组成的字符串转换为与其值相等的十进制整数，规定输入的字符串最多只能包含 5 位八进制数字字符。

```
int  fun( char * p )
{   int  n;
/ ********** found ********** /
    n = * P - 'o';
    p++;
    while( * p != 0 ) {
/ ********** found ********** /
     n = n * 8 + * P - 'o';
    p++;
    }
    return  n;
}
```

39. 函数 fun 的功能是：将 p 所指字符串中的所有字符复制到 b 中，要求每复制 3 个字符后插入一个空格。

```
void  fun(char  * p, char  * b)
{   int  i, k = 0;
```

```
    while( * p)
    {   i = 1;
        while( i < = 3 && * p ) {
/ * * * * * * * * * * found * * * * * * * * * * /
            b[k] = p;
            k++; p++; i++;
        }
        if( * p)
        {
/ * * * * * * * * * * found * * * * * * * * * * /
            b[k++] = " ";
        }
    }
    b[k] = '\0';
}
```

40. 函数 fun 的功能是：给一维数组 a 输入任意 4 个整数，并按下列规律输入。
例如输入"1,2,3,4"，程序运行后输出以下方阵：

```
4   1 2 3
3   4 1 2
2   3 4 1
1   2 3 4
/ * * * * * * * * * * * * * found * * * * * * * * * * * * * /
void fun(int  a)
{   int  i,j,k,m;
    printf("Enter 4 number :   ");
    for(i = 0; i < M; i++)   scanf(" % d",&a[i]);
    printf("\n\nThe result   :\n\n");
    for(i = M;i > 0;i -- )
    {   k = a[M - 1];
        for(j = M - 1;j > 0;j -- )
/ * * * * * * * * * * * * * found * * * * * * * * * * * * * /
            aa[j] = a[j - 1];
        a[0] = k;
        for(m = 0; m < M; m++)   printf("% d   ",a[m]);
        printf("\n");
    }
}
```

三、设计题

1. 函数 fun 的功能是：将两个两位数的正整数 a、b 合并成一个整数放在 c 中。合并的方式是：将 a 的十位数和个位数依次放在 c 的千位和十位上，b 的十位数和个位数依次放在 c 的百位和个位上。

例如，a＝45，b＝12 时，调用该函数后，c＝4152。

2. 函数 fun 的功能是：将两个两位数的正整数 a、b 合并成一个整数放在 c 中。合并的方式是：将 a 的十位和个位数依次放在 c 的个位和百位上，b 的十位数和个位数依次放在 c

的千位和十位上。

例如，a＝45，b＝12 时，调用该函数后，c＝1524。

3. 函数 fun 的功能是：将两个两位数的正整数 a、b 合并成一个整数放在 c 中。合并的方式是：将 a 的十位和个位数依次放在 c 的个位和百位上，b 的十位数和个位数依次放在 c 的十位和千位上。

例如，a＝45，b＝12 时，调用该函数后，c＝2514。

4. 函数 fun 的功能是：将两个两位数的正整数 a、b 合并成一个整数放在 c 中。合并的方式是：将 a 的十位数和个位数依次放在 c 的十位和千位上，b 的十位数和个位数依次放在 c 的百位和个位上。

例如，a＝45，b＝12 时，调用该函数后，c＝5142。

5. 编写一个函数 fun，它的功能是：计算 n 门课程的平均分，计算结果作为函数值返回。

例如，若有 5 门课程的成绩是 90.5、72、80、61.5、55，则函数的值为 71.80。

6. 编写一个函数 fun，它的功能是：比较两个字符串的长度（不得调用 C 语言提供的求字符串长度的函数），函数返回较长的字符串。若两个字符串长度相同，则返回第一个字符串。

例如，输入 beijing＜CR＞shanghai＜CR＞（＜CR＞为 Enter 键），函数将返回 shanghai。

7. 编写一个函数 fun，它的功能是：求 1～m（含 m）中能被 7 或 11 整除的所有整数并放在数组 a 中，通过 n 返回这些数的个数。

例如，若传送给 m 的值为 50，则程序输出 7　11　14　21　22　28　33　35　42　44　49。

8. 编写一个函数 fun，它的功能是：将 ss 所指字符串中所有下标为奇数位置上的字母转换为大写（若该位置上不是字母，则不转换）。

例如，若输入"abc4EFg"，则应输出"aBc4Efg"。

9. 函数 fun 的功能是：将 s 所指字符串中除了下标为偶数，同时 ASCII 值也为偶数的字符外，其余的全部删除。串中剩余字符所形成的新串放在 t 所指的数组中。

例如，若 s 所指的字符串中的内容为"ABCDEFG123456"，其中字符 'A' 的 ASCII 码为奇数，因此应当删除，其中字符'b'的 ASCII 码值为偶数，但是在数组中的下标为奇数，因此也应当删除。

10. 函数 fun 的功能是：将 s 所指字符串下标为偶数的字符删除，串中剩余字符形成的新串放在 t 所指的数组中。

例如，当 s 所指字符串中的内容为"ABCDEFGHIJK"，则在 t 所指数组中的内容应是"BDFHJ"。

11. 函数 fun 的功能是：将 s 所指字符串中 ASCII 值为偶数的字符删除，串中剩余字符形成的新串放在 t 所指的数组中。

例如，若 s 所指字符串中的内容为"ABCDEFG12345"，其中字符 B 的 ASCII 码值为偶数，应当删除。

12. 已知学生的记录由学号、成绩构成，N 名学生的数据已经存入结构体数组 a 中。编写函数 fun，函数的功能是：找出成绩最高的学生记录，通过形参指针传回主函数（规定只有一个最高分）。

13. 程序定义了 N×N 的二维数组,并在主函数中自动赋值。编写函数 fun,函数的功能是使数组左下三角元素的值乘以 n。

14. 程序定义了 N×N 的二维数组,并在主函数中自动赋值。编写函数 fun,函数的功能是使数组左下三角元素中的值全部为 0。

15. 编写一个函数 fun,tt 指向一个 M 行 N 列的二维数组,求二维数组每列中的最小元素,并将其放入 pp 所指的一维数组中。二维数组中的数已在主函数中赋予。

16. 编写一个函数 unsigned fun,w 是一个大于 10 的无符号整数,若 w 是 n 位的整数,函数求出 w 的低 n−1 位的数,作为函数值返回。

例如,w 为 5923,则函数返回 923。

17. 编写一个函数 fun,函数的功能是把 s 所指字符串中的内容逆置。

18. 编写函数 fun,函数的功能是从 s 所指的字符串中删除给定字符。同一个字母的大小写按不同字符处理。

19. 编写函数 fun,对长度为 7 个字符的字符串,除首、尾字符外,将其余 5 个字符按 ASCII 码值降序排列。

例如"abcTEFg",则函数返回"acbTFEg"。

20. 编写一个函数,该函数可以统计一个长度为 2 的字符串在另一个字符串中出现的次数。

21. 编写函数 fun,函数的功能是:将所有大于 1、小于整数 m 的非素数存入 xx 所指数组中,非素数的个数通过 k 传回。

22. 编写函数 fun,函数的功能是:求出 ss 所指字符串中指定字符的个数,并返回此值。

23. 编写函数 fun,函数的功能是:实现 B＝A＋A',即把矩阵 A 加上 A 的转置,存放到 B 中。

24. 编写函数 fun,函数的功能是:求 1～1000 中能被 7 或 11 整除,但不能同时被 7 和 11 整除的所有整数,并将它们放在 a 所指的数组中,通过 n 返回这些数的个数。

25. 编写函数 fun,统计在 tt 所指字符串中 a～z 共 26 个小写字母各自出现的次数,并依次放在 pp 所指数组中。

26. 编写函数 fun,函数的功能是删除一个字符串中指定下标的字符,其中,a 指向原字符,删除指定字符后的字符串存在 b 所指的数组中,n 中存放指定下标。

27. 编写函数 fun,函数的功能是:计算以下公式,计算结果作为函数返回值,n 通过形参传入。

$$s = 1 + \frac{1}{1+2} + \frac{1}{1+2+3} + \cdots + \frac{1}{1+2+3+\cdots+n}$$

28. 编写函数 fun,函数的功能是:利用简单迭代方法求方程 $\cos x - x = 0$ 的一个实根。

29. 编写函数 fun,函数的功能是:求 Fibonacci 数列中大于 t 的最小的数,结果由函数值返回,其中 Fibonacci 数列 $F(n)$ 的定义为:第一、二项为 1,从第 3 项及第 3 项之后的每项为其之前两项之和。

30. 编写函数 fun,它的功能是计算 s 并作为函数值返回。

$$s = \sqrt{\ln(1) + \ln(2) + \ln(3) + \cdots + \ln(m)}$$

31. 规定输入的字符串中只包含字母和 ＊。编写函数 fun,函数的功能是:将字符串中的前导＊全部删除,中间和尾部的＊不删除。

32. 假定输入的字符串中只包含字母和＊。编写函数fun,函数的功能是:除了尾部的＊外,将字符串中的＊全部删除,形参p已指向字符串中最后一个字母。在编写函数时,不得使用C语言提供的字符串函数。

33. 假定输入的字符串中只包含字母和＊。编写函数fun,函数的功能是:除了前部和尾部的＊外,将字符串中的＊全部删除,形参p已经指向字符串中最后一个字母。在编写函数时,不得使用C语言提供的字符串函数。

34. 假定输入的字符串中只包含字母和＊。编写函数fun,函数的功能是:删除字符串中非＊字符,形参p已指向字符串中最后一个字母。在编写函数时,不得使用C语言提供的字符串函数。

35. 假定输入的字符串中只包含字母和＊,编写函数fun,函数的功能是:字符串尾部的＊不得多于n个;若多于n个,则删除多余的＊,若少于n个,则什么也不做,字符串中间和前面的＊不删除。

36. 某学生的记录由学号和8门课程的分数组成,学号和8门课程的分数已经在主函数中给出。编写函数fun,函数的功能是:求该学生的平均分,放在记录的ave成员中。

37. 学生的记录由学号和成绩组成,N名学生的数据已在主函数中放入结构体数组s中。编写函数fun,函数的功能是:把低于平均分的学生数据放在b所指的数组中,低于平均分的学生人数通过形参n传回,平均分通过函数值返回。

38. 学生的记录由学号和成绩组成,N名学生的数据已在主函数中放入结构体数组s中。编写函数fun,函数的功能是:把分数最高的学生的数据放在b所指的数组中。

注意:分数最高的学生可能不止一名,函数返回分数最高的学生的人数。

39. 学生的记录由学号和成绩组成,N名学生的数据已在主函数中放入结构体数组s中。编写函数fun,它的功能是:函数返回指定学生的数据,指定的学号在主函数中输入,若没找到指定学号,在结构体变量中给学号置空串,给成绩置−1,作为函数值返回。

40. 编写函数fun,函数的功能是:计算并输出给定整数n的所有因子之和,规定n的值不大于1000。

四、选择题

1. C语言源程序的基本单位是(　　　)。

    A. 过程　　　　　　B. 函数　　　　　　C. 子程序　　　　　　D. 标识符

2. 下列字符序列中,可用作C标识符的一组字符序列是(　　　)。

    A. S.b,sum,average,_above　　　　　　B. class,day,lotus_1,2day

    C. ♯md,&12x,month,student_n!　　　　　D. D56,r_1_2,name,_st_1

3. 以下标识符中,不能作为合法的C用户定义标识符的是(　　　)。

    A. a3_b3　　　　　　B. void　　　　　　C. _123　　　　　　D. IF

4. 以下数据中,不正确的数值或字符常量是(　　　)。

    A. 0　　　　　　　B. 5L　　　　　　C. o13　　　　　　D. 9861

5. 以下数值中,不正确的八进制数或十六进制数是(　　　)。

    A. 0x16　　　　　　B. 16　　　　　　C. −16　　　　　　D. 0xaaaa

6. 以下选项中,正确的赋值语句是(　　)。

A. a＝1,b＝2　　　　B. j＋＋　　　　C. a＝b＝5;　　　　D. y＝int(x)

7. 以下运算符中,优先级最高的运算符是(　　)。

A. ?:　　　　　　B. ＋＋　　　　　C. ＆＆　　　　　D. ,

8. 在 C 语言中,能代表逻辑值"真"的是(　　)。

A. True　　　　　B. 大于 0 的数　　　C. 非 0 整数　　　D. 非 0 的数

9. 下列变量说明语句中,正确的是(　　)。

A. char:a b c;　　　　　　　　　B. char a;b;c;

C. int x;z;　　　　　　　　　　D. int x,z;

10. 下列字符序列中,不可用作 C 语言标识符的是(　　)。

A. b70　　　　　B. ♯ab　　　　　C. symbol　　　　D. a_1

11. 以下叙述中,不正确的是(　　)。

A. 在 C 语言程序中所用的变量必须先定义后使用

B. 程序中,APH 和 aph 是两个不同的变量

C. 若 a 和 b 类型相同,在执行了赋值语句"a＝b;"后 b 中的值将放入 a 中,b 中的值不变

D. 当输入数值数据时,对于整型变量只能输入整型值,对于实型变量只能输入实型值

12. 以下标识符中,不能作为合法的 C 用户定义标识符的是(　　)。

A. For　　　　　B. Printf　　　　　C. WORD　　　　D. sizeof

13. 以下标识符中,不能作为合法的 C 用户定义标识符的是(　　)。

A. answer　　　　B. to　　　　　　C. signed　　　　D. _if

14. 以下标识符中,不能作为合法的 C 用户定义标识符的是(　　)。

A. putchar　　　　B. _double　　　　C. _123　　　　D. INT

15. 以下数据中,不正确的数值或字符常量是(　　)。

A. 8.9e1.2　　　　B. 10　　　　　　C. 0xff00　　　　D. 82.5

16. 以下数据中,不正确的数值或字符常量是(　　)。

A. c　　　　　　B. 66　　　　　　C. 0xaa　　　　　D. 50

17. 以下运算符中,优先级最高的运算符是(　　)。

A. *＝　　　　　B. >=　　　　　　C. (类型)　　　　D. ＋

18. 以下运算符中,优先级最高的运算符是(　　)。

A. ||　　　　　　B. %　　　　　　C. !　　　　　　D. ＝＝

19. 以下运算符中,优先级最高的运算符是(　　)。

A. ＝　　　　　　B. !＝　　　　　　C. *(乘号)　　　　D. ()

20. 以下叙述中,不正确的是(　　)。

A. 一个好的程序应该有详尽的注释

B. 在 C 语言程序中,赋值运算符的优先级最低

C. 在 C 语言程序中,"j＋＋;"是一条赋值语句

D. C 语言程序中的 ♯include 和 ♯define 均不是 C 语句

21. 设 C 语言中 int 类型数据占 2 字节,则 long 类型数据占( )。

    A. 1 字节   B. 2 字节   C. 4 字节   D. 8 字节

22. 设 C 语言中 int 类型数据占 2 字节,则 short 类型数据占( )。

    A. 1 字节   B. 2 字节   C. 4 字节   D. 8 字节

23. C 语言中,double 类型数据占( )。

    A. 1 字节   B. 2 字节   C. 4 字节   D. 8 字节

24. C 语言中,char 类型数据占( )。

    A. 1 字节   B. 2 字节   C. 4 字节   D. 8 字节

25. 设 C 语言中 int 类型数据占 2 字节,则 unsigned 类型数据占( )。

    A. 1 字节   B. 2 字节   C. 4 字节   D. 8 字节

26. 下列程序的输出结果是( )。

```
main()
{char c1 = 97,c2 = 98;
printf("%d %c",c1,c2);
}
```

    A. 97 98   B. 97 b   C. a 98   D. a b

27. 执行下列语句后变量 x 和 y 的值是( )。

```
y = 10;x = y++;
```

    A. x=10,y=10   B. x=11,y=11

    C. x=10,y=11   D. x=11,y=10

28. 下列数据中,为字符串常量的是( )。

    A. A   B. "house"   C. How do you do.   D. $ abc

29. 先用语句定义字符型变量 c,现在要将字符 a 赋给 c,则下列语句中正确的是( )。

    A. c='a';   B. c="a";   C. c="97";   D. C='97'

30. 下列程序的结果是( )。

```
main()
{ int j;
   j = 3;
printf("%d,",++j);
printf("%d",j++);
}
```

    A. 3,3   B. 3,4   C. 4,3   D. 4,4

31. 设 a=12,且 a 定义为整型变量。执行语句"a+=a-=a*=a;"后 a 的值为( )。

    A. 12   B. 144   C. 0   D. 132

32. 已知 year 为整型变量,不能使表达式(year%4==0&&year%100!=0)||year%400==0 的值为"真"的 y 的取值是( )。

    A. 1990   B. 1992   C. 1996   D. 2000

33. 下列运算符中,不属于关系运算符的是(　　)。

　　A. ＜　　　　　　　　B. ＞　　　　　　　C. ＞＝　　　　　　　D. ！

34. 假设所有变量均为整型,表达式为 a＝2,b＝5,a＞b? a＋＋:b＋＋,则 a＋b 的值是(　　)。

　　A. 7　　　　　　　B. 8　　　　　　　C. 9　　　　　　　D. 2

35. 以下不符合 C 语言语法的赋值语句是(　　)。

　　A. a＝1,b＝2　　　　　　　　　　B. ＋＋j;

　　C. a＝b＝5;　　　　　　　　　　D. y＝(a＝3,6＊5);

36. 以下不符合 C 语言语法的赋值语句是(　　)。

　　A. j＋＋;　　　　　　　　　　B. j＝j＝5;

　　C. k＝2＊4,k＊4;　　　　　　　D. y＝float(j);

37. 执行下列程序后,输出结果是(　　)。

```
main()
{int  a＝9;
a＋＝a－＝a＋a;
printf("％d\n",a);
}
```

　　A. 18　　　　　　　　　　　　B. 9

　　C. －18　　　　　　　　　　　D. －9

38. 下列语句的输出结果是(　　)。

```
printf("％d\n",(int)(2.5＋3.0)/3);
```

　　A. 有语法错误不能通过编译　　　B. 2

　　C. 1　　　　　　　　　　　　D. 0

39. 下列程序的输出结果是(　　)。

```
main()
{int  a＝7,b＝5;
printf("％d\n",b＝b/a);
}
```

　　A. 0　　　　　　　　　　　　B. 5

　　C. 1　　　　　　　　　　　　D. 不确定值

40. 下列程序的输出结果是(　　)。

```
main()
{int  a＝011;
printf("％d\n",＋＋a);
}
```

　　A. 12　　　　　　B. 11　　　　　　C. 10　　　　　　D. 9

41. 下列程序的输出结果是(　　)。

```
main()
{
printf("%d\n",null);
}
```

A. 0　　　　　　　　　B. 变量无定义　　　　C. −1　　　　　　　　D. 1

42. 若 int 类型数据占 2 字节,则下列语句的输出结果为(　　)。

```
int k = −1; printf("%d,%u\n",k,k);
```

A. −1,−1　　　　　　　　　　　　B. −1,32767

C. −1,32768　　　　　　　　　　　D. −1,65535

43. 若 k,g 均为 int 型变量,则下列语句的输出结果为(　　)。

```
k = 017;   g = 111;   printf("%d\t",++k);   printf("%x\n",g++);
```

A. 15　　6f　　　B. 16　　70　　　C. 15　　71　　　D. 16　　6f

44. 以下程序段的执行结果是(　　)。

```
double  x;x = 218.82631; printf("%−6.2e\n",x);
```

A. 输出格式描述符的域宽不够,不能输出　　B. 21.38e+01

C. 2.2e+02　　　　　　　　　　　　　　　D. −2.14e2

45. 若 k 为 int 型变量,则以下程序段的执行结果是(　　)。

```
k = −8567;   printf("|%06D|\n",k);
```

A. 格式描述符不合法,输出无定值　　B. |%06D|

C. |0−8567|　　　　　　　　　　　D. |−8567|

46. 若 ch 为 char 型变量,k 为 int 型变量(已知字符 a 的十进制 ASCII 码为 97),则以下程序段的执行结果是(　　)。

```
ch = 'a';   k = 12;   printf("%x,%o,",ch,ch,k);   printf("k=%%d\n",k);
```

A. 因变量类型与格式描述符的类型不匹配,输出无定值

B. 输出项与格式描述符个数不符,输出为 0 值或不定值

C. 61,141,k=%d

D. 61,141,k=%12

47. 若有定义:

```
char  s = '\092';
```

则该语句( )。

    A. 使 s 的值包含 1 个字符   B. 定义不合法,s 的值不确定

    C. 使 s 的值包含 4 个字符   D. 使 s 的值包含 3 个字符

48. 若 a 是 float 型变量,b 是 unsigned 型变量,以下输入语句中合法的是( )。

    A. scanf("%6.2f%d",&a,&b);   B. scanf("%f%n",&a,&b);

    C. scanf("%f%3o",&a,&b);   D. scanf("%f%f",&a,&b);

49. 已知字母 a 的十进制 ASCII 码为 97,则执行下列语句后的输出结果为( )。

```
char a = 'a';  a-- ;
printf("%d,%c\n",a + '2' - '0',a + '3' - '0');
```

    A. b,c

    B. a——运算不合法,固有语法错

    C. 98,c

    D. 格式描述和输出项不匹配,输出无定值

50. 下列程序的输出结果为( )。

```
main()
{int m = 7,n = 4;
float  a = 38.4,b = 6.4,x;
x = m/2 + n * a/b + 1/2;
printf("%f\n",x);
}
```

    A. 27.000000   B. 27.500000

    C. 28.000000   D. 28.500000

51. 若给定条件表达式(M)?(a++):(a——),则表达式中 M( )。

    A. 和(M==0)等价   B. 和(M==1)等价

    C. 和(M!=0)等价   D. 和(M!=1)等价

52. 以下程序的输出结果是( )。

```
main()
{int  i,j,k,a = 3,b = 2;
i = ( --a == b++)? --a:++b;
j = a++;k = b;
printf("i = %d,j = %d,k = %d\n",i,j,k);
}
```

    A. i=2,j=1,k=3   B. i=1,j=1,k=2

    C. i=4,j=2,k=4   D. i=1,j=1,k=3

53. a,b 为整型变量,二者均不为 0,以下关系表达式中恒成立的是( )。

    A. a * b/a * b==1   B. a/b * b/a==1

    C. a/b * b+a%b==a   D. a/b * b==a

54. 为了提高程序的运行速度,在函数中对于整型或指针可以使用( )型变量。

    A. auto   B. register   C. static   D. extern

55. 以下程序的输出结果为( )。

```
main()
{int  i = 010,j = 10;
 printf(" % d, % d\n",++i,j -- );
 }
```

    A. 11,10   B. 9,10   C. 010,9   D. 10,9

56. C 语言中以下几种运算符的优先次序的排列中( )是正确的。

    A. 由高到低为:!,&&,||,算术运算符,赋值运算符

    B. 由高到低为:!,算术运算符,关系运算符,&&,||,赋值运算符

    C. 由高到低为:算术运算符,关系运算符,赋值运算符,!,&&,||

    D. 由高到低为:算术运算符,关系运算符,!,&&,||,赋值运算符

57. 设 a 为整型变量,初值为 12,执行完语句"a+=a-=a*a;"后,a 的值是( )。

    A. 552   B. 144   C. 264   D. −264

58. 经下列语句定义后,sizeof(x),sizeof(y),sizeof(a),sizeof(b)在微机上的值分别为( )。

```
char  x = 65;
float  y = 7.3;
int  a = 100;
double  b = 4.5;
```

    A. 2,2,2,4   B. 1,2,2,4

    C. 1,4,2,8   D. 2,4,2,8

59. 用下列语句定义 a,b,c,然后执行"b=a; c='b'+b;"则 b,c 的值是( )。

```
long  a = 0xffffff;
int  b;  char  c;
```

    A. 0ffffff 和 0x61   B. −1 和 98

    C. −1 和 97   D. 指向同一地址

60. 执行下列语句后,a 和 b 的值分别为( )。

```
int a,b;
a = 1 + 'a';
b = 2 + 7 % - 4 - 'A';
```

    A. −63,−64   B. 98,−60   C. 1,−60   D. 79,78

61. C 语言中要求对变量进行强制定义的主要理由是( )。

    A. 便于移植   B. 便于写文件

    C. 便于编辑预处理程序的处理   D. 便于确定类型和分配空间

62. 以下程序的输出结果是（   ）。

```
main()
{float x = 3.6;
  int  i;
  i = (int)x;
  printf("x = % f,i = % d\n",x,i);
}
```

    A. x＝3.600000,i＝4   B. x＝3,i＝3

    C. x＝3.600000,i＝3   D. x＝3 i＝3.600000

63. 经过以下语句定义后,表达式 z＋＝x＞y?＋＋x:＋＋y 的值为（   ）。

```
int x = 1,y = 2,z = 3;
```

    A. 2   B. 3   C. 6   D. 5

64. 以下程序的输出结果是（   ）。

```
main()
{
  int  i = 1,sum = 0;
  while(i < 10)   sum = sum + 1;i++;
  printf("i = % d,sum = % d",i,sum);
}
```

    A. i＝10,sum＝9   B. i＝9,sum＝9

    C. i＝2,sum＝1   D. 运行出现错误

65. 以下程序的输出结果是（   ）。

```
main()
{ int n;
    for(n = 1;n < = 10;n++)
       {
           if(n % 3 == 0) continue;
           printf(" % d",n);
       }
}
```

    A. 12457810   B. 369   C. 12   D. 1234567890

66. 在 C 语言中,if 语句后的一对圆括号中,用以决定分支的流程的表达式（   ）。

    A. 只能用逻辑表达式   B. 只能用关系表达式

    C. 只能用逻辑表达式或关系表达式   D. 可用任意表达式

67. 在以下给出的表达式中,与 do-while(E)语句中的(E)不等价的表达式是（   ）。

    A. （!E＝＝0）   B. （E＞0||E＜0）

    C. （E＝＝0）   D. （E!＝0）

68. 假定所有变量均已正确定义,下列程序段运行后 x 的值是(   )。

```
k1 = 1;
k2 = 2;
k3 = 3;
x = 15;
if(!k1)   x--;
else  if(k2)   x = 4;
         else   x = 3;
```

A. 14   B. 4   C. 15   D. 3

69. 执行下列语句后的输出为(   )。

```
int j = -1;
if(j <= 1) printf(" **** \n");
else     printf("% % % %\n");
```

A. ****
B. ％％％％
C. ％％％％c
D. 有错,执行不正确

70. 下列程序的输出结果是(   )。

```
main()
{ int  x = 1,y = 0,a = 0,b = 0;
  switch(x)
     {
     case  1:switch(y)
               {
                      case  0:a++;break;
                      case  1:b++;break;
               }
     case  2:a++;b++;break;
     case  3:a++;b++;break;
     }
  printf("a = % d,b = % d\n",a,b);
}
```

A. a=1,b=0   B. a=2,b=1   C. a=1,b=1   D. a=2,b=2

71. 在 C 语言中,为了结束由 while 语句构成的循环,while 后一对圆括号中表达式的值应该为(   )。

A. 0   B. 1   C. True   D. 非 0

72. 下列程序的输出结果为(   )。

```
main()
 { int  y = 10;
   while(y-- );
   printf("y = % d\n",y);
 }
```

A. y＝0   B. while 构成无限循环

C. y＝1   D. y＝－1

73. C 语言的 if 语句嵌套时,if 与 else 的配对关系是(　　)。

A. 每个 else 总是与它上面的最近的 if 配对

B. 每个 else 总是与最外层的 if 配对

C. 每个 else 与 if 的配对是任意的

D. 每个 else 总是与它上面的 if 配对

74. 设 j 和 k 都是 int 类型,则对以下 for 循环语句,描述正确的是(　　)

```
for(j = 0,k = - 1;k = 1;j++,k++) printf(" **** \n");
```

A. 循环结束的条件不合法   B. 是无限循环

C. 循环体一次也不执行   D. 循环体只执行一次

75. 下列数组说明中,正确的是(　　)。

A. int array[][4];   B. int array[][];

C. int array[][][5];   D. int array[3][];

76. 下列数组说明中,正确的是(　　)。

A. static char str[]＝"China";

B. static char str[]; str＝"China";

C. static char str1[5],str2[]＝{"China"}; str1＝str2;

D. static char str1[],str2[];str2＝{"China"}; strcpy(str1,str2);

77. 下列定义数组的语句中,正确的是(　　)。

A. ♯define size 10　char　str1[size],str2[size＋2];

B. char str[];

C. int num['10'];

D. int n＝5; int a[n][n＋2];

78. 下列定义数组的语句中,不正确的是(　　)。

A. static int a[2][3]＝{1,2,3,4,5,6};

B. static int a[2][3]＝{{1},{4,5}};

C. static int a[][3]＝{{1},{4}};

D. static int a[][]＝{{1,2,3},{4,5,6}};

79. 下列语句中,不正确的是(　　)。

A. static char a[2]＝{1,2};   B. static int a[2]＝{'1','2'};

C. static char a[2]＝{'1','2','3'};   D. static char a[2]＝{'1'};

80. 若输入 ab,程序的输出结果为(　　)。

```
main()
  {  static  char  a[3];
      scanf(" % s",a);
      printf(" % c, % c",a[1],a[2]);
  }
```

A. a,b   B. a,   C. b,   D. 程序出错

81. 下列说法不正确的是(   )。

    A. 主函数 main 中定义的变量在整个文件或程序中有效

    B. 不同函数中,可以使用相同名字的变量

    C. 形式参数是局部变量

    D. 在一个函数内部,可以在复合语句中定义变量,这些变量只在复合语句中有效

82. 关于 return 语句,下列说法正确的是(   )。

    A. 不能在主函数中出现且在其他函数中均可出现

    B. 必须在每个函数中出现

    C. 可以在同一个函数中出现多次

    D. 只能在除主函数之外的函数中出现一次

83. 在 C 语言的函数中,下列说法正确的是(   )。

    A. 必须有形参   B. 形参必须是变量名

    C. 可以有也可以没有形参   D. 数组名不能作形参

84. 在 C 语言程序中(   )。

    A. 函数的定义可以嵌套,但函数的调用不可以嵌套

    B. 函数的定义不可以嵌套,但函数的调用可以嵌套

    C. 函数的定义和函数调用均可以嵌套

    D. 函数的定义和函数调用不可以嵌套

85. C 语言执行程序的开始执行点是(   )。

    A. 程序中第一条可以执行语言   B. 程序中第一个函数

    C. 程序中的 main 函数   D. 包含文件中的第一个函数

86. C 语言程序中,若对函数类型未加显式说明,则函数的隐含说明类型为(   )。

    A. void   B. double

    C. int   D. char

87. C 语言程序中,当调用函数时(   )。

    A. 实参和形参各占一个独立的存储单元

    B. 实参和形参可以共用存储单元

    C. 可以由用户指定是否共用存储单元

    D. 计算机系统自动确定是否共用存储单元

88. 数组名作为实参数传递给函数时,数组名被处理为(   )。

    A. 该数组的长度   B. 该数组的元素个数

    C. 该数组的首地址   D. 该数组中各元素的值

89. 以下描述中,正确的是(   )。

    A. 预处理是指完成宏替换和文件包含中指定的文件的调用

    B. 预处理指令只能位于 C 源文件的开始

    C. C 源程序中凡是行首以♯标识的控制行都是预处理指令

    D. 预处理就是完成 C 编译程序对 C 源程序第一遍扫描,为编译词法和语法分析做准备

90. 以下对 C 语言函数的描述中,正确的是( )。

    A. C 程序必须由一个或一个以上的函数组成

    B. C 函数既可以嵌套定义又可以递归调用

    C. 函数必须有返回值,否则不能使用函数

    D. C 语言程序中有调用关系的所有函数必须放在同一个程序文件中

91. 以下函数调用语句中,实参的个数是( )。

```
exce((v1,v2),(v3,v4,v5),v6);
```

    A. 3   B. 4   C. 5   D. 6

92. 以下函数调用语句中,实参的个数是( )。

```
func((e1,e2),(e3,e4,e5));
```

    A. 2   B. 3   C. 5   D. 语法错误

93. C 语言中函数调用的方式有( )。

    A. 函数调用作为语句一种

    B. 函数调用作为函数表达式一种

    C. 函数调用作为语句或函数表达式两种

    D. 函数调用作为语句、函数表达式或函数参数 3 种

94. 执行下面程序后,输出结果为( )。

```
main()
{ a = 45,b = 27,c = 0;
   c = max(a,b);
   printf(" % d\n",c);
}
int  max(x,y)
   int  x,y;
   { int z;
      if(x > y)  z = x;
      else  z = y;
      return(z);
   }
```

    A. 45   B. 27   C. 18   D. 72

95. 以下程序的输出结果为( )。

```
main()
{int a = 1,b = 2,c = 3,d = 4,e = 5;
   printf(" % d\n",func((a + b,b + c,c + a),(d + e)));
}
int  func(int  x,int y)
   {
      return(x + y);
   }
```

A. 15   B. 13

C. 9   D. 函数调用出错

96. 下列定义中,不正确的是(　　)。

A. ♯define PI 3.141592   B. ♯define S 345

C. int max(x,y); int x,y; { }   D. static char c;

97. 下列程序的输出结果为(　　)。

```
♯define  P  3
♯define  S(a)   P*a*a
main()
 {int  ar;
   ar = S(3 + 5);
   printf("\n%d",ar);
 }
```

A. 192   B. 29   C. 27   D. 25

98. 已知 p,p1 为指针变量,a 为数组名,j 为整型变量,下列赋值语句中不正确的是(　　)。

A. p=&j,p=p1;   B. p=a;   C. p=&a[j];   D. p=10;

99. 经过语句"int j,a[10], *p;"定义后,下列语句中合法的是(　　)。

A. p=p+2;   B. p=a[5];

C. p=a[2]+2;   D. p=&(j+2);

100. 两个指针变量不可以(　　)。

A. 相加   B. 比较

C. 相减   D. 指向同一地址

101. 若已定义 x 为 int 型变量,下列语句中说明指针变量 p 的正确语句是(　　)。

A. int p=&x;   B. int * p=x;

C. int * p=&x;   D. * p= * x;

102. 关于指针概念的说法,不正确的是(　　)。

A. 一个指针变量只能指向同一类型变量

B. 一个变量的地址称为该变量的指针

C. 只有同一类型变量的地址才能放到指向该类型变量的指针变量之中

D. 指针变量可以由整数赋值,不能用浮点赋值

103. 设有说明"int (* ptr)[M];",其中标识符 ptr 是(　　)。

A. M 个指向整型变量的指针

B. 指向 M 个整型变量的函数指针

C. 一个指向具有 M 个整型元素的一维数组的指针

D. 具有 M 个指针元素的一维指针数组,每个元素都只能指向整型量

104. 设"char a[5], * p=a;",下面选择中正确的赋值语句是(　　)。

A. p="abcd";   B. a="abcd";

C. * p="abcd";   D. * a="abcd";

105. 具有相同类型的指针变量 p 与数组 a,不能进行的操作是(   )。

    A. p＝a;   B. ＊p＝a[0];   C. p＝&a[0];   D. p＝&a;

106. 若有下列定义,则对 a 数组元素地址的正确引用是(   )。

> int a[5], ＊p＝a;

    A. &a[5]   B. p+2   C. a++   D. &a

107. 若有下列定义和语句,则对 a 数组元素的非法引用是(   )。

> int a[2][3], (＊pt)[3]; pt＝a;

    A. pt[0][0]   B. ＊(pt+1)[2]   C. ＊(pt[1]+2)   D. ＊(a[0]+2

108. 若有下列定义,则对 a 数组元素地址的正确引用是(   )。

> int a[5], ＊p＝a;

    A. ＊(p+5)   B. ＊p+2   C. ＊(a+2)   D. ＊&a[5]

109. 以下程序段的运行结果是(   )。

> char ＊alp[]＝{"ABC","DEF","GHI"}; int j; puts(alp[1]);

    A. A   B. B   C. D   D. DEF

110. 设有以下语句,若 0<k<4,下列选项中对字符串的非法引用是(   )。

> char str[4][2]＝{"aaa","bbb","ccc","ddd"}, ＊strp[4];
>   int j;
>   for (j＝0;j<4;j++)
>   strp[j]＝str[j];

    A. strp   B. str[k]   C. strp[k]   D. ＊strp

111. 若有"int a[][]＝{{1,2},{3,4}};",则 ＊(a+1),＊(＊a+1)的含义分别为(   )。

    A. 非法,2   B. &a[1][0],2   C. &a[0][1],3   D. a[0][0],4

112. 若有定义:

> char ＊p1, ＊p2, ＊p3, ＊p4,ch;

    则不能正确赋值的程序语句为(   )。

    A. p1＝&ch; scanf("%c",p1);

    B. p2＝(char ＊)malloc(1);scanf("%c",p2);

    C. ＊p3＝getchar();

    D. p4＝&ch;＊p4＝getchar();

113. 当定义一个结构体变量时,系统分配给它的内存是(   )。

    A. 各成员所需内存量的总和   B. 结构中第一个成员所需内存量

    C. 结构中最后一个成员所需内存量   D. 成员中占内存量最大者所需的容量

114. 设有如下定义：

```
struct sk  {int a;  float  b;} data, * p;
```

若要使 p 指向 data 中的 a 域，正确的赋值语句是（　　）。

A. p＝(struct sk＊)&data.a;　　　　　　B. p＝(struct sk＊) data.a;

C. p＝&data.a;　　　　　　　　　　　　D. ＊p＝data.a;

115. 以下对枚举类型名的定义中，正确的是（　　）。

A. enum a＝{sum,mon,tue};　　　　　　B. enum a {sum＝9,mon＝-1,tue};

C. enum a＝{"sum","mon","tue"};　　　 D. enum a {"sum","mon","tue"};

116. 在下列程序段中，枚举变量 c1,c2 的值依次是（　　）。

```
enum color {red,yellow,blue = 4,green,white} c1,c2;
c1 = yellow;c2 = white;
printf(" % d, % d\n",c1,c2);
```

A. 1,6　　　　　　B. 2,5　　　　　　C. 1,4　　　　　　D. 2,6

117. 变量 p 为指针变量，若 p＝&a，下列说法不正确的是（　　）。

A. & ＊p＝＝&a　　　　　　　　　　　　B. ＊&a＝＝a

C. (＊p)＋＋＝＝a＋＋　　　　　　　　　D. ＊(p＋＋)＝＝a＋＋

118. 以下程序的输出结果是（　　）。

```
main()
 { char  s[] = "123", * p;
    p = s;
    printf(" % c % c % c\n", * p++, * p++, * p++);
 }
```

A. 123　　　　　　B. 321　　　　　　C. 213　　　　　　D. 312

119. 执行下列语句后的结果为（　　）。

```
int x = 3,y;
int * px = &x;
y = * px++;
```

A. x＝3,y＝4　　　B. x＝3,y＝3　　　C. x＝4,y＝4　　　D. x＝3,y 不知

120. 下列各 m 的值中，能使 m％3＝＝2&&m％5＝＝3&&m％7＝＝2 为真的是（　　）。

A. 8　　　　　　　B. 23　　　　　　C. 17　　　　　　D. 6

121. 若有以下程序段：

```
int a = 3,b = 4;  a = a^b;b = b^a;a = a^b;
```

则执行以上语句后，a 和 b 的值分别是（　　）。

A. a＝3,b＝4　　　B. a＝4,b＝3　　　C. a＝4,b＝4　　　D. a＝3,b＝3

122. 在位运算中,操作数每右移一位,其结果相当于( )。

    A. 操作数乘以 2   B. 操作数除以 2

    C. 操作数乘以 16   D. 操作数除以 16

123. fgets(str,n,fp)函数从文件中读入一个字符串,以下叙述正确的是( )。

    A. 字符串读入后不会自动加入 '\0'

    B. fp 是 file 类型的指针

    C. fgets 函数将从文件中最多读入 n−1 个字符

    D. fgets 函数将从文件中最多读入 n 个字符

124. C 语言中的文件类型只有( )。

    A. 索引文件和文本文件两种   B. ASCII 文件和二进制文件两种

    C. 文本文件一种   D. 二进制文件一种

125. C 语言中,文件( )。

    A. 由记录组成   B. 由数据行组成

    C. 由数据块组成   D. 由字符(字节)序列组成

126. C 语言中的文件的存储方式有( )。

    A. 只能顺序存取   B. 只能随机存取(或直接存取)

    C. 可以顺序存取,也可随机存取   D. 只能从文件的开头进行存取

127. 下列程序的输出结果是( )。

```
main()
{ int  x=1,y=0,a=0,b=0;
   switch(x)
     {
       case  1:switch(y)
                {
                  case  0:a++;break;
                  case  1:b++;break;
                }
       case  2:a++;b++;break;
       case  3:a++;b++;break;
     }
   printf("a=%d,b=%d\n",a,b);
}
```

    A. a=1,b=0   B. a=2,b=1   C. a=1,b=1   D. a=2,b=2

128. 设 j 和 k 都是 int 类型,则下面的 for 循环语句( )。

```
for(j=0,k=0;j<=9&&k!=876;j++) scanf("%d",&k);
```

    A. 最多执行 10 次   B. 最多执行 9 次

    C. 是无限循环   D. 循环体一次也不执行

129. 以下程序段:

```
char *alp[]={"ABC","DEF","GHI"}; int j; puts(alp[1]);
```

的输出结果是(　　　)。

  A. A   B. B   C. D   D. DEF

130. 下列标识符中,不合法的C语言用户自定义标识符是(　　　)。

  A. printf   B. enum   C. _   D. sin

131. 以下字符中不是转义字符的是(　　　)。

  A. '\a'   B. '\b'   C. '\c'   D. '\\'

132. 下列程序段的输出结果为(　　　)。

```
float k = 0.8567;
printf("%06.1f%%",k*100);
```

  A. 0085.6%   B. 0085.7%   C. 0085.6%   D. .857

133. 下列程序段的输出结果为(　　　)。

```
float x = 213.82631;
printf("%3d",(int)x);
```

  A. 213.82   B. 213.83   C. 213   D. 3.8

134. C语言的注释定界符是(　　　)。

  A. { }   B. [ ]   C. *   *\   D. /*   */

135. 下列字符序列中,(　　　)是C语言保留字。

  A. sizeof   B. include   C. scanf   D. sqrt

136. "double x;scanf("%lf",&x);"中不可以赋值给x变量的常量是(　　　)。

  A. 123   B. 100000   C. 'A'   D. "abc"

137. C语言能正确处理的指数是(　　　)。

  A. 8.5e4288   B. e-32   C. 123000000000   D. 4.5e-5.6

138. 下列运算符中(　　　)是C语言关系运算符。

  A. ~   B. !   C. &   D. !=

139. 以下常量中,能够代表逻辑"真"值的常量是(　　　)。

  A. '\0'   B. 0   C. '0'   D. NULL

140. 下列程序段的输出结果为(　　　)。

```
int x = 3,y = 2;
printf("%d",(x-=y,x*=y+8/5));
```

  A. 1   B. 7   C. 3   D. 5

141. 下列程序段的输出结果为(　　　)。

```
int a = 7,b = 9,t;
t = a* = a>b?a:b;
printf("%d",t);
```

  A. 7   B. 9   C. 63   D. 49

142. 下列表达式中,可作为 C 合法表达式的是(　　)。

　　A. [3,2,1,0]　　　　B. (3,2,1,0)　　　　C. 3=2=1=0　　　　D. 3/2/1/0

143. 以下语句中,不能实现回车换行的是(　　)。

　　A. printf("\n");　　　　　　　　　　B. putchar("\n");

　　C. fprintf(stdout,"\n");　　　　　　D. fwrite("\n",1,1,stdout);

144. 执行以下程序段后,输出结果和 a 的值是(　　)。

```
int a = 10;
printf(" % d",a++);
```

　　A. 10 和 10　　　　B. 10 和 11　　　　C. 11 和 10　　　　D. 11 和 11

145. 以下语句中,循环次数不为 10 次的语句是(　　)。

　　A. for(i＝1;i＜10;i++);

　　B. i＝1;do{i++;}while(i<=10);

　　C. i＝10;while(i>0){--i;}

　　D. i＝1;m:if(i<=10){i++;goto m;}

146. 以下程序段的输出结果为(　　)。

```
for(i = 4;i>1;i--)
for(j=1;j<i;j++)
putchar('#');
```

　　A. 无　　　　　　B. ＃＃＃＃＃＃　　　　C. ＃　　　　　　D. ＃＃＃

147. 以下程序段中,能够正确执行循环的是(　　)。

　　A. for(i=1;i>10;i++)　　　　　　B. static int a;

　　　　　　　　　　　　　　　　　　　　　while(a)

　　C. int s＝6;　　　　　　　　　　　D. int s＝6;

　　　　do s-=2;　　　　　　　　　　　　m:if(s<100)

　　　　while(s);　　　　　　　　　　　　　　exit(0);

　　　　　　　　　　　　　　　　　　　　　else s－＝2;

　　　　　　　　　　　　　　　　　　　goto m:

148. 若

```
int a = 1,b = 2,c = 3;
if(a>c)b=a;a=c;c=b;
```

　　则 c 的值为(　　)。

　　A. 1　　　　　　　B. 2　　　　　　　C. 3　　　　　　　D. 不一定

149. 若

```
int a = 1,b = 2,c = 3;
if(a>b)a=b;
if(a>c)a=c;
```

则 a 的值为(　　)。

A. 1   B. 2   C. 3   D. 不一定

150. 若

```
int a = 3,b = 2,c = 1;
if(a > b > c)a = b;
else a = c;
```

则 a 的值为(　　)。

A. 3   B. 2   C. 1   D. 0

151. 求平方根函数的函数名为(　　)。

A. cos   B. abs   C. pow   D. sqrt

152. 若

```
while(fabs(t) < 1e - 5)if(!s/10)break;
```

则循环结束的条件是(　　)。

A. $t >= 1e - 5 \&\& t <= -1e - 5 \&\& s > -10 \&\& s < 10$

B. $fabs(t) < 1e - 5 \&\& ! s/10$

C. $fabs(t) < 1e - 5$

D. $s/10 == 0$

153. 若"int a[10];",则合法的数组元素的最小下标值为(　　)。

A. 10   B. 9   C. 1   D. 0

154. 若"char a[10];",则不能将字符串"abc"存储在数组中的是(　　)。

A. strcpy(a,"abc");

B. a[0]=0;strcat(a,"abc");

C. a="abc";

D. int i;for(i=0;i<3;i++)a[i]=i+97;a[i]=0;

155. 若"int i,j,a[2][3];"按照数组 a 的元素在内存的排列次序,不能将数 1,2,3,4,5,6 存入 a 数组的是(　　)。

A. for(i=0;i<2;i++)for(j=0;j<3;j++)a[i][j]=i*3+j+1;

B. for(i=0;i<3;i++)for(j=0;j<2;j++)a[j][i]=j*3+i+1;

C. for(i=0;i<6;i++)a[i/3][i%3]=i+1;

D. for(i=1;i<=6;i++)a[i][i]=i;

156. 若"static char str[10]="China";",则数组元素个数为(　　)。

A. 5   B. 6   C. 9   D. 10

157. 若"char a[10];"已正确定义,以下语句中不能从键盘上给 a 数组的所有元素输入值的语句是(　　)。

A. gets(a);

B. scanf("%s",a);

C. for(i=0;i<10;i++)a[i]=getchar();

D. a＝getchar();

158. 若"char a[]＝"This is a program. ";",则输出前 5 个字符的语句是(   )。

    A. printf("%.5s",a);   B. puts(a);

    C. printf("%s",a);   D. a[5＊2]＝0;puts(a);

159. 若"int a[10];",则给数组 a 的所有元素分别赋值为 1,2,3…的语句是(   )。

    A. for(i=1;i＜11;i＋＋)a[i]=i;   B. for(i=1;i＜11;i＋＋)a[i−1]=i;

    C. for(i=1;i＜11;i＋＋)a[i+1]=i;   D. for(i=1;i＜11;i＋＋)a[0]=1;

160. 以下程序段的输出结果为(   )。

```
char c[] = "abc";
int   i = 0;
do ;while(c[i++]!= '\0');printf("%d",i−1);
```

    A. abc   B. ab   C. 2   D. 3

161. 若"char a1[]＝"abc",a2[80]＝"1234";",则将 a1 串连接到 a2 串后面的语句是(   )。

    A. strcat(a2,a1);   B. strcpy(a2,a1);

    C. strcat(a1,a2);   D. strcpy(a1,a2);

162. 若"char s1[]＝"abc",s2[20],＊t＝s2;gets(t);",则下列语句中能够实现当字符串 s1 大于字符串 s2 时,输出 s2 的语句是(   )。

    A. if(strcmp(s1,s1)＞0)puts(s2);   B. if(strcmp(s2,s1)＞0)puts(s2);

    C. if(strcmp(s2,t)＞0)puts(s2);   D. if(strcmp(s1,t)＞0)puts(s2);

163. 函数的形参隐含的存储类型说明是(   )。

    A. extern   B. static   C. register   D. auto

164. 与实参为实型数组名相对应的形参不可以定义为(   )。

    A. float   a[];   B. float ＊a;

    C. float a;   D. float (＊a)[3];

165. C 语言中不可以嵌套的是(   )。

    A. 函数调用   B. 函数定义

    C. 循环语句   D. 选择语句

166. 用户定义的函数不可以调用的函数是(   )。

    A. 非整型返回值的   B. 本文件外的

    C. main 函数   D. 本函数下面定义的

167. 全局变量的定义不可能在(   )。

    A. 函数内部   B. 函数外面   C. 文件外面   D. 最后一行

168. 对于 void 类型函数,调用时不可作为(   )。

    A. 自定义函数体中的语句   B. 循环体里的语句

    C. if 语句的成分语句   D. 表达式

169. 在 C 语言中,调用函数除函数名外,还必须有(   )。

    A. 函数预说明   B. 实际参数   C. ()   D. 函数返回值

221

170. C程序中的宏展开是在(　　　)。
    A. 编译时进行的　　　　　　　　　　B. 程序执行时进行的
    C. 编译前预处理时进行的　　　　　　D. 编辑时进行的

171. C语言中,定义结构体的保留字是(　　　)。
    A. union　　　　　　B. struct　　　　　　C. enum　　　　　　D. typedef

172. 结构体类型的定义允许嵌套是指(　　　)。
    A. 成员是已经或正在定义的结构体型　　B. 成员可以重名
    C. 结构体型可以派生　　　　　　　　　D. 定义多个结构体型

173. 对结构体类型的变量的成员的访问,无论数据类型如何都可使用的运算符是(　　　)。
    A. .　　　　　　　　B. —>　　　　　　C. *　　　　　　　　D. &

174. 相同结构体类型的变量之间,可以(　　　)。
    A. 相加　　　　　　B. 赋值　　　　　　C. 比较大小　　　　D. 地址相同

175. 使用共用体变量,不可以(　　　)。
    A. 节省存储空间　　　　　　　　　　　B. 简化程序设计
    C. 进行动态管理　　　　　　　　　　　D. 同时访问所有成员

176. "enum a {sum＝9,mon＝－1,tue};"定义了(　　　)。
    A. 枚举变量　　　　　　　　　　　　　B. 3个标识符
    C. 枚举数据类型　　　　　　　　　　　D. 整数9和－1

177. 在定义构造数据类型时,不能(　　　)。
    A. 说明变量　　　　　　　　　　　　　B. 说明存储类型
    C. 初始化　　　　　　　　　　　　　　D. 末尾不写分号

178. 位字段数据的单位是(　　　)位。
    A. 十六进制　　　　　　　　　　　　　B. 八进制
    C. 二进制　　　　　　　　　　　　　　D. 十进制

179. C语言程序中必须有的函数是(　　　)。
    A. ＃include "stdio. h"　　　　　　　B. main
    C. printf　　　　　　　　　　　　　　D. scanf

180. 指针变量p进行自加运算(即执行"p＋＋;")后,地址偏移值为2,则其数据类型为(　　　)。
    A. int　　　　　　　　　　　　　　　 B. float
    C. double　　　　　　　　　　　　　　D. char

181. 若"int i＝3, * p;p＝&i;",则下列语句中输出结果为3的是(　　　)。
    A. printf("%d",&p);　　　　　　　　B. printf("%d", * i);
    C. printf("%d", * p);　　　　　　　 D. printf("%d",p);

182. 若"int * p＝(int *)malloc(sizeof(int));",则向内存申请到内存空间存入整数123的语句为(　　　)。
    A. scanf("%d",p);　　　　　　　　　B. scanf("%d",&p);
    C. scanf("%d", * p);　　　　　　　　D. scanf("%d", ** p);

183. 若"int a[10]={0,1,2,3,4,5,6,7,8,9},*p=a;",则输出结果不为 5 的语句
为（   ）。

    A. printf("%d",*(a+5));   B. printf("%d",p[5]);

    C. printf("%d",*(p+5));   D. printf("%d",*p[5]);

184. 若"char *s1="hello",*s2;s2=s1;",则（   ）。

    A. s2 指向不确定的内存单元   B. 不能访问"hello"

    C. "puts(s1);"与"puts(s2);"结果相同   D. s1 不能再指向其他单元

185. 若"char h,*s=&h;",则可将字符'H'通过指针存入变量 h 中的语句是（   ）。

    A. *s=H;   B. *s='H';   C. s=H;   D. s='H'

186. 若"char a[80],*s=a;",则不正确的输入语句是（   ）。

    A. scanf("%s",s);   B. gets(s);

    C. fscanf(stdin,"%c",s);   D. fgets(s,80,stdin);

187. "int (*p)[6];"含义为（   ）。

    A. 具有 6 个元素的一维数组

    B. 定义了一个指向具有 6 个元素的一维数组的指针变量

    C. 指向整型指针变量

    D. 指向 6 个整数中的一个的地址

188. char *match(char c)是（   ）。

    A. 函数定义的头部   B. 函数预说明

    C. 函数调用   D. 指针变量说明

189. 若"double *p,x[10];int i=5;",则使指针变量 p 指向元素 x[5]的语句
为（   ）。

    A. p=&x[i];   B. p=x;   C. p=x[i];   D. p=&(x+i)

190. 不仅可将 C 源程序存在磁盘上,还可将数据按数据类型分别以（   ）的形式存在
磁盘上。

    A. 内存   B. 缓冲区   C. 文件   D. 寄存器

191. 应用缓冲文件系统对文件进行读写操作,打开文件的函数名为（   ）。

    A. open   B. fopen   C. close   D. fclose

192. 应用缓冲文件系统对文件进行读写操作,关闭文件的函数名为（   ）。

    A. fclose   B. close   C. fread   D. fwrite

193. 文件中有一个位置指针,指向当前读写的位置,不可使 p 所指文件的位置返回到
文件的开头的是（   ）。

    A. rewind(p);   B. fseek(p,0,SEEK_SET);

    C. fseek(p,0,0);   D. fseek(p,-3L,SEEK_CUR);

194. 从键盘上输入某字符串时,不可使用的函数是（   ）。

    A. getchar   B. gets   C. scanf   D. fread

195. 选择结构中的条件与循环结构中循环成立的条件,在写法上可以是任一表达式,
但其值只能被判断为"真"或"假"。（   ）作为逻辑"假"值。

    A. -1   B. 1   C. 非 0 的数   D. 0

196. "static struct {int a1;float a2;char a3;}a[10]={1,3.5,'A'};"说明数组 a 是地址常量,它有 10 个结构体型的下标变量,采用静态存储方式,其中被初始化的下标变量是(   )。

    A. a[1]   B. a[-1]   C. a[0]   D. a[10]

197. 打开文件时,方式 w 决定了对文件进行的操作是(   )。

    A. 只写盘   B. 只读盘   C. 可读可写盘   D. 追加写盘

198. 若"int a[10]={1,2,3,4,5,6,7,8};int * p;p=&a[5];",则 p[-3] 的值是(   )。

    A. 2   B. 3   C. 4   D. 不一定

199. 一个算法应该具有"确定性"等 5 个特性,下面对另外 4 个特性的描述中错误的是(   )。

    A. 有零个或多个输入   B. 有零个或多个输出

    C. 有穷性   D. 可行性

200. 能将高级语言编写的源程序转换为目标程序的是(   )。

    A. 链接程序   B. 解释程序

    C. 编译程序   D. 编辑程序

201. 以下叙述中正确的是 (   )。

    A. C 语言程序中注释部分可以出现在程序中任意合适的地方

    B. 花括号"{"和"}"只能作为函数体的定界符

    C. 构成 C 语言程序的基本单位是函数,所有函数名都可以由用户命名

    D. 分号是 C 语句之间的分隔符,不是语句的一部分

202. 以下叙述中正确的是(   )。

    A. C 语言编译时不检查语法   B. C 语言的子程序有过程和函数两种

    C. C 语言的函数可以嵌套定义   D. C 语言所有函数都是外部函数

203. 下列叙述中正确的是(   )。

    A. 构成 C 程序的基本单位是函数

    B. 可以在一个函数中定义另一个函数

    C. main 函数必须放在其他函数之前

    D. 所有被调用的函数一定要在调用之前进行定义

204. 在一个 C 语言程序中(   )。

    A. main 函数必须出现在所有函数之前   B. main 函数可以在任何地方出现

    C. main 函数必须出现在所有函数之后   D. main 函数必须出现在固定位置

205. 以下叙述中正确的是(   )。

    A. C 语言的源程序不必通过编译就可以直接运行

    B. C 语言中的每条可执行语句最终都将被转换为二进制的机器指令

    C. C 源程序经编译形成的二进制代码可以直接运行

    D. C 语言中的函数不可以单独进行编译

206. 一个 C 程序的执行是从(   )。

    A. 本程序的 main 函数开始,到 main 函数结束

B. 本程序文件的第一个函数开始,到本程序文件的最后一个函数结束

C. 本程序的 main 函数开始,到本程序文件的最后一个函数结束

D. 本程序文件的第一个函数开始,到本程序的 main 函数结束

207. 以下叙述中正确的是（　　）。

　　A. C 语言比其他语言高级

　　B. C 语言可以不用编译就能被计算机识别执行

　　C. C 语言以接近英语国家的自然语言和数学语言作为语言的表达形式

　　D. C 语言出现得最晚,具有其他语言的一切优点

208. 一个 C 语言程序由（　　）。

　　A. 一个主程序和若干子程序组成　　　　B. 函数组成

　　C. 若干过程组成　　　　　　　　　　　D. 若干子程序组成

209. C 语言规定,在一个源程序中,main 函数的位置（　　）。

　　A. 必须在最开始　　　　　　　　　　　B. 必须在系统调用的库函数的后面

　　C. 可以任意　　　　　　　　　　　　　D. 必须在最后

210. 以下叙述中不正确的是（　　）。

　　A. 一个 C 语言源程序可由一个或多个函数组成

　　B. 一个 C 语言源程序必须包含一个 main 函数

　　C. C 语言程序的基本组成单位是函数

　　D. 在 C 语言程序中,注释说明只能位于一条语句的后面

211. 以下叙述中正确的是（　　）。

　　A. 在 C 语言程序中,main 函数必须位于程序的最前面

　　B. C 语言程序的每行中只能写一条语句

　　C. C 语言本身没有输入输出语句

　　D. 在对一个 C 语言程序进行编译的过程中,可发现注释中的拼写错误

212. 表达式 18/4 * sqrt(4.0)/8 的值的数据类型为（　　）。

　　A. int　　　　　　　　　　　　　　　　B. float

　　C. double　　　　　　　　　　　　　　D. 不确定

213. C 语言中运算对象必须是整型的运算符是（　　）。

　　A. %=　　　　　　B. /　　　　　　　C. =　　　　　　D. <=

214. 若变量已正确定义并赋值,下面符合 C 语言语法的表达式是（　　）。

　　A. a:=b+1　　　　　　　　　　　　　B. a=b=c+2

　　C. int 18.5%3　　　　　　　　　　　　D. a=a+7=c+b

215. 若有条件表达式（exp)?a++:b--,则以下表达式中能完全等价于表达式（exp)的是（　　）。

　　A. (exp==0)　　　　　　　　　　　　B. (exp!=0)

　　C. (exp==1)　　　　　　　　　　　　D. (exp!=1)

216. 设以下变量均为 int 型,则值不等于 7 的表达式是（　　）。

　　A. (x=y=6,x+y,x+1)　　　　　　　　B. (x=y=6,x+y,y+1)

　　C. (x=6,x+1,y=6,x+y)　　　　　　　D. (y=6,y+1,x=y,x+1)

217. 在 C 语言中,int、char 和 short 3 种类型数据在内存中所占用的字节数(　　)。
     A. 由用户自己定义　　　　　　　　　　B. 均为 2 字节
     C. 是任意的　　　　　　　　　　　　　D. 由所用机器的机器字长决定

218. 设 C 语言中,一个 int 型数据在内存中占 2 字节,则 unsigned int 型数据的取值范围为(　　)。
     A. 0~255　　　　　　　　　　　　　　B. 0~32 767
     C. 0~65 535　　　　　　　　　　　　　D. 0~2 147 483 647

219. 在 C 语言中,char 型数据在内存中的存储形式是(　　)。
     A. 补码　　　　　B. 反码　　　　　C. 原码　　　　　D. ASCII 码

220. 设变量 a 是整型,f 是实型,i 是双精度型,则表达式 10+'a'+i*f 的值的数据类型为(　　)。
     A. int　　　　　B. float　　　　　C. double　　　　　D. 不确定

221. sizeof(float)是(　　)。
     A. 一个双精度型表达式　　　　　　　　B. 一个整型表达式
     C. 一种函数调用　　　　　　　　　　　D. 一个不合法的表达式

222. 若有定义:

```
int a = 7;float x = 2.5,y = 4.7;
```

则表达式 x+a%3 * (int)(x+y)%2/4 的值是(　　)。
     A. 2.500000　　　　B. 2.750000　　　　C. 3.500000　　　　D. 0.000000

223. 已知大写字母 A 的 ASCII 码值是 65,小写字母 a 的 ASCII 码是 97,则用八进制表示的字符常量'\101'是(　　)。
     A. 字符 A　　　　B. 字符 a　　　　C. 字符 e　　　　D. 非法的常量

224. 以下选项中合法的用户标识符是(　　)。
     A. long　　　　B. _2Test　　　　C. 3Dmax　　　　D. A. dat

225. 以下选项中合法的实型常数是(　　)。
     A. 5E2.0　　　　B. E-3　　　　C. .2E0　　　　D. 1.3E

226. 语句"printf("a\bre\'hi\'y\\\bou\n");"的输出结果是(说明:'\b'是退格符)(　　)。
     A. a\bre\'hi\'y\\\bou　　　　　　　　B. a\bre\'hi\'y\bou
     C. re'hi'you　　　　　　　　　　　　D. abre'hi'y\bou

227. 若已定义 x 和 y 为 double 类型,则表达式 x=1,y=x+3/2 的值是(　　)。
     A. 1　　　　　B. 2　　　　　C. 2.0　　　　　D. 2.5

228. 下列变量定义中合法的是(　　)。
     A. short _a=1-.1e-1;　　　　　　　　B. double b=1+5e2.5;
     C. long do=0xfdaL;　　　　　　　　　D. float 2_and=1-e-3;

229. 若变量 a 与 i 已正确定义,且 i 已正确赋值,则合法的语句是(　　)。
     A. a==1　　　　B. ++i;　　　　C. a=a++=5;　　　　D. a=int(i);

230. 设"int x=11;",则表达式(x++ * 1/3)的值是(　　)。
     A. 3　　　　　B. 4　　　　　C. 11　　　　　D. 12

231. 若以下变量均是整型,且"num＝sum＝7;",则计算表达式 sum＝num＋＋,sum＋＋,＋＋num 后 sum 的值为(   )。

  A. 7   B. 8   C. 9   D. 10

232. 设"int x＝1,y＝1;",则表达式(!x‖y－－)的值是(   )。

  A. 0   B. 1   C. 2   D. －1

233. C 语言中的标识符只能由字母、数字和下画线 3 种字符组成,且第一个字符(   )。

  A. 必须为字母

  B. 必须为下画线

  C. 必须为字母或下画线

  D. 可以是字母、数字和下画线中任一字符

234. 下列 4 个选项中,均是不合法的用户标识符的选项是(   )。

  A. A P_0 do   B. float la0 _A

  C. b-a goto int   D. _123 temp int

235. 下列 4 个选项中,均是 C 语言关键字的选项是(   )。

  A. auto enum include   B. switch typedef continue

  C. signed union scanf   D. if struct type

236. 下列 4 个选项中,均不是 C 语言关键字的选项是(   )。

  A. define IF type   B. getc char printf

  C. include scanf case   D. while go pow

237. 假设所有变量均为整型,则表达式(a＝2,b＝5,b＋＋,a＋b)的值是(   )。

  A. 7   B. 8   C. 6   D. 2

238. 若有说明语句"char c＝'\72';",则变量 c(   )。

  A. 包含 1 个字符   B. 包含 2 个字符

  C. 包含 3 个字符   D. 说明不合法,c 的值不确定

239. 下列 4 个选项中,均是不合法的浮点数的选项是(   )。

  A. 160. 0.12 e3   B. 123 2e4.2 .e5

  C. －.18 123e4 0.0   D. －e3 .234 1e3

240. 以下符合 C 语言语法的赋值表达式是(   )。

  A. d＝9＋e＋f＝d＋9   B. d＝9＋e,f＝d＋9

  C. d＝9＋e,e＋＋,d＋9   D. d＝9＋e＋＋＝d＋7

241. 下列不正确的字符串常量是(   )。

  A. 'abc' B. "12'12" C. "0"   D. " "

242. 以下所列的 C 语言常量中,错误的是(   )。

  A. 0xFF B. 1.2e0.5 C. 2L   D. '\72'

243. 已定义 ch 为字符型变量,以下赋值语句中错误的是(   )。

  A. ch＝'\';   B. ch＝62＋3;

  C. ch＝NULL;   D. ch＝'\xaa';

244. 若 a 为 int 型,且其值为 3,则执行完表达式 a＋＝a－－＝a＊a 后,a 的值是(   )。

  A. －3   B. 9   C. －12   D. 6

245. 下列选项中,合法的 C 语言关键字是( )。

    A. VAR   B. cher   C. integer   D. default

246. 设有说明语句"char a=′\97′;",则变量 a( )。

    A. 说明不合法   B. 包含 1 个字符

    C. 包含 2 个字符   D. 包含 3 个字符

247. 以下选项中,与 k＝n++完全等价的表达式是( )。

    A. k＝n,n＝n+1   B. n＝n+1,k＝n

    C. k＝++n   D. k＋＝n+1

248. 以下 for 循环的执行次数是( )。

```
for(x = 0,y = 0;(y = 123)&&(x < 4);x++);
```

    A. 是无限循环   B. 循环次数不定   C. 4 次   D. 3 次

249. 语句"while(!E);"中的表达式!E 等价于( )。

    A. E＝＝0   B. E!＝1   C. E!＝0   D. E＝＝1

250. 下面有关 for 循环的正确描述是( )。

    A. for 循环只能用于循环次数已经确定的情况

    B. for 循环是先执行循环循环体语句,后判断表达式

    C. 在 for 循环中,不能用 break 语句跳出循环体

    D. for 循环的循环体语句中,可以包含多条语句,但必须用花括号括起来

251. 若 i 为整型变量,则以下循环执行次数是( )。

```
for(i = 2;i == 0;) printf(" % d",i-- );
```

    A. 无限次   B. 0 次   C. 1 次   D. 2 次

252. C 语言中 while 和 do-while 循环的主要区别是( )。

    A. do-while 的循环体至少无条件执行一次

    B. while 的循环控制条件比 do-while 的循环控制条件更严格

    C. do-while 允许从外部转到循环体内

    D. do-while 的循环体不能是复合语句

253. 以下不是无限循环的语句为( )。

    A. for(y=0,x=1;x>++y;x=i++) i=x;

    B. for(;;x++＝i);

    C. while(1){x++;}

    D. for(i=10;;i－－) sum＋＝i;

254. 执行语句"for(i=1;i++<4;);"后变量 i 的值是( )。

    A. 3   B. 4   C. 5   D. 不定

255. C 语言中用于结构化程序设计的 3 种基本结构是( )。

    A. 顺序结构、选择结构、循环结构   B. if、switch、break

    C. for、while、do-while   D. if、for、continue

256. 对 for(表达式 1；；表达式 3) 可理解为(　　　)。

    A. for(表达式 1；0；表达式 3)　　　　　B. for(表达式 1；1；表达式 3)

    C. for(表达式 1；表达式 1；表达式 3)　　D. for(表达式 1；表达式 3；表达式 3)

257. 下列运算符中优先级最高的是(　　　)。

    A. <　　　　　　　　B. +　　　　　　　　C. &&　　　　　　　　D. !=

258. printf 函数中用到格式符%5s,其中数字 5 表示输出的字符串占用 5 列,如果字符串长度大于 5,则输出按方式(　　　)。

    A. 从左起输出该字符串,右补空格　　B. 按原字符长从左向右全部输出

    C. 右对齐输出该字串,左补空格　　　　D. 输出错误信息

259. putchar 函数可以向终端输出一个(　　　)。

    A. 整型变量表达式值　　　　　　　　B. 实型变量值

    C. 字符串　　　　　　　　　　　　　　D. 字符或字符型变量值

260. 以下描述中正确的是(　　　)。

    A. 由于 do-while 循环中循环体语句只能是一条可执行语句,所以循环体内不能使用复合语句

    B. do-while 循环由 do 开始,用 while 结束,在 while(表达式)后面不能写分号

    C. 在 do-while 循环体中,一定要有能使 while 后面表达式的值变为 0("假")的操作

    D. do-while 循环中,根据情况可以省略 while

261. 以下关于运算符优先顺序的描述中正确的是(　　　)。

    A. 关系运算符<算术运算符<赋值运算符<逻辑运算符

    B. 逻辑运算符<关系运算符<算术运算符<赋值运算符

    C. 赋值运算符<逻辑运算符<关系运算符<算术运算符

    D. 算术运算符<关系运算符<赋值运算符<逻辑运算符

262. 已知"x=43,ch='A',y=0;",则表达式(x>=y&&ch<'B'&&!y)的值是(　　　)。

    A. 0　　　　　　　　　　　　　　　　B. 语法错

    C. 1　　　　　　　　　　　　　　　　D. "假"

263. 若希望当 A 的值为奇数时,表达式的值为"真",A 的值为偶数时,表达式的值为"假",则以下不能满足要求的表达式是(　　　)。

    A. A%2==1　　　　　　　　　　　　B. !(A%2==0)

    C. !(A%2)　　　　　　　　　　　　　D. A%2

264. 判断 char 型变量 cl 是否为小写字母的正确表达式是(　　　)。

    A. 'a'<=cl<='z'　　　　　　　　　　B. (cl>=a)&&(cl<=z)

    C. ('a'>=cl)||('z'<=cl)　　　　　　D. (cl>='a')&&(cl<='z')

265. 以下不正确的 if 语句形式是(　　　)。

    A. if(x>y&&x!=y);

    B. if(x==y) x+=y;

    C. if(x!=y) scanf("%d",&x) else scanf("%d",&y);

    D. if(x<y) {x++;y++;}

229

附录 E

266. 为了避免在嵌套的条件语句 if-else 中产生二义性,C 语言规定:else 子句总是与(   )配对。

    A. 缩排位置相同的 if   B. 其之前最近的 if

    C. 其之后最近的 if   D. 同一行上的 if

267. 逻辑运算符两侧运算对象的数据类型(   )。

    A. 只能是 0 或 1   B. 只能是 0 或非 0 正数

    C. 只能是整型或字符型数据   D. 可以是任何类型的数据

268. 结构化程序设计所规定的 3 种基本控制结构是(   )。

    A. 输入、处理、输出   B. 树形、网形、环形

    C. 顺序、选择、循环   D. 主程序、子程序、函数

269. 以下叙述中正确的是(   )。

    A. do-while 语句构成的循环不能用其他语句构成的循环来代替

    B. do-while 语句构成的循环只能用 break 语句退出

    C. 用 do-while 语句构成的循环,在 while 后的表达式为非 0 时结束循环

    D. 用 do-while 语句构成的循环,在 while 后的表达式为 0 时结束循环

270. 对说明语句"int a[10]={6,7,8,9,10};"的正确理解是(   )。

    A. 将 5 个初值依次赋给 a[1]~a[5]

    B. 将 5 个初值依次赋给 a[0]~a[4]

    C. 将 5 个初值依次赋给 a[6]~a[10]

    D. 因为数组长度与初值的个数不相同,所以此语句不正确

271. 以下不正确的定义语句是(   )。

    A. double x[5]={2.0,4.0,6.0,8.0,10.0};

    B. int y[5]={0,1,3,5,7,9};

    C. char c1[]={'1','2','3','4','5'};

    D. char c2[]={'\x10','\xa','\x8'};

272. 若有说明"int a[][3]={1,2,3,4,5,6,7};",则 a 数组第一维的大小是(   )。

    A. 2   B. 3   C. 4   D. 无确定值

273. 若二维数组 a 有 m 列,则在 a[i][j] 前的元素个数为(   )。

    A. j*m+i   B. i*m+j   C. i*m+j-1   D. i*m+j+1

274. 若有说明"int a[3][4];",则数组 a 中各元素(   )。

    A. 可在程序的运行阶段得到初值 0

    B. 可在程序的编译阶段得到初值 0

    C. 不能得到确定的初值

    D. 可在程序的编译或运行阶段得到初值 0

275. 设有数组定义"char array []="China";",则数组 array 所占的空间为(   )。

    A. 4 字节   B. 5 字节   C. 6 字节   D. 7 字节

276. 以下能正确定义数组并正确赋初值的语句是(   )。

    A. int N=5,b[N][N];   B. int a[1][2]={{1},{3}};

    C. int c[2][]={{1,2},{3,4}};   D. int d[3][2]={{1,2},{34}};

277. 以下对二维数组 a 的正确说明是( )。

    A. int a[3][]   B. float a(3,4)

    C. double a[1][4]   D. float a(3)(4)

278. 若有说明"int a[10];",则对 a 数组元素的正确引用是( )。

    A. a[10]   B. a[3,5]   C. a(5)   D. a[10-10]

279. 在 C 语言中,一维数组的定义方式为:类型说明符 数组名( )。

    A. [常量表达式]   B. [整型表达式]

    C. [整型常量]或[整型表达式]   D. [整型常量]

280. 以下能对一维数组 a 进行正确初始化的语句是( )。

    A. int a[10]=(0,0,0,0,0)   B. int a[10]={};

    C. int a[]={0};   D. int a[10]={10*1};

281. 以下对一维整型数组 a 的正确说明是( )。

    A. int a(10);

    B. int n=10,a[n];

    C. int n; scanf("%d",&n); int a[n];

    D. #define SIZE 10   (换行)   int a[SIZE];

282. 若有说明"int a[3][4];",则对 a 数组元素的正确引用是( )。

    A. a[2][4]   B. a[1,3]   C. a[1+1][0]   D. a(2)(1)

283. 若有说明"int a[3][4];",则 a 数组元素的非法引用是( )。

    A. a[0][2*1]   B. a[1][3]   C. a[4-2][0]   D. a[0][4]

284. 以下能对二维数组 a 进行正确初始化的语句是( )。

    A. int a[2][]={{1,0,1},{5,2,3}};   B. int a[][3]={{1,2,3},{4,5,6}};

    C. int a[2][4]={{1,2,3},{4,5},{6}};   D. int a[][3]={{1,0,1}{},{1,1}};

285. 以下不能对二维数组 a 进行正确初始化的语句是( )。

    A. int a[2][3]={0};   B. int a[][3]={{1,2},{0}};

    C. int a[2][3]={{1,2},{3,4},{5,6}};   D. int a[][3]={1,2,3,4,5,6};

286. 若有说明"int a[3][4]={0};",则下面正确的叙述是( )。

    A. 只有元素 a[0][0]可得到初值 0

    B. 此说明语句不正确

    C. 数组 a 中各元素都可得到初值,但其值不一定为 0

    D. 数组 a 中每个元素均可得到初值 0

287. 若有说明"int a[][4]={0,0};",则下面不正确的叙述是( )。

    A. 数组 a 的每个元素都可得到初值 0

    B. 二维数组 a 的第一维大小为 1

    C. 因为二维数组 a 中第二维大小的值除经初值个数的商为 1,故数组 a 的行数为 1

    D. 有元素 a[0][0]和 a[0][1]可得到初值 0,其余元素均得不到初值 0

288. 以下定义语句中,错误的是( )。

    A. int a[]={1,2};   B. char *a[3];

    C. char s[10]="test";   D. int n=5,a[n];

289. 在 C 语言中,引用数组元素时,其数组下标的数据类型允许是(　　　)。

  A. 整型常量　　　　　　　　　　　B. 整型表达式

  C. 整型常量或整型表达式　　　　　D. 任何类型的表达式

290. 以下程序段中,不能正确赋字符串(编译时系统会提示错误)的是(　　　)。

  A. char s[10]="abcdefg";　　　　　B. char t[]="abcdefg", * s=t;

  C. char s[10];s="abcdefg";　　　　D. char s[10];strcpy(s,"abcdefg");

291. 以下不能正确定义二维数组的选项是(　　　)。

  A. int a[2][2]={{1},{2}};　　　　　B. int a[][2]={1,2,3,4};

  C. int a[2][2]={{1},2,3};　　　　　D. int a[2][]={{1,2},{3,4}};

292. 假定 int 型变量占用 2 字节,其有定义"int x[10]={0,2,4};",则数组 x 在内存中所占字节数是(　　　)。

  A. 3　　　　　　　B. 6　　　　　　　C. 10　　　　　　　D. 20

293. 以下数组定义中不正确的是(　　　)。

  A. int a[2][3];

  B. int b[][3]={0,1,2,3};

  C. int c[100][100]={0};

  D. int d[3][]={{1,2},{1,2,3},{1,2,3,4}};

294. 以下不能正确进行字符串赋初值的语句是(　　　)。

  A. char str[5]="good!";　　　　　　B. char str[]="good!";

  C. char * str="good!";　　　　　　D. char str[5]={'g','o','o','d',0};

295. 若使用一维数组名作为函数实参,则以下正确的说法是(　　　)。

  A. 必须在主调函数中说明此数组的大小

  B. 实参数组类型与形参数组类型可以不匹配

  C. 在被调用函数中,不需要考虑形参数组的大小

  D. 实参数组名与形参数组名必须一致

296. 凡是函数中未指定存储类别的局部变量,其隐含的存储类别为(　　　)。

  A. 自动(auto)　　　　　　　　　　B. 静态(static)

  C. 外部(extern)　　　　　　　　　D. 寄存器(register)

297. 在 C 语言中,函数的隐含存储类别是(　　　)。

  A. auto　　　　　　　　　　　　　B. static

  C. extern　　　　　　　　　　　　D. 无存储类别

298. 在 C 语言程序中,以下正确的描述是(　　　)。

  A. 函数的定义可以嵌套,但函数的调用不可以嵌套

  B. 函数的定义不可以嵌套,但函数的调用可以嵌套

  C. 函数的定义和函数的调用均不可以嵌套

  D. 函数的定义和函数的调用均可以嵌套

299. C 语言中,函数值类型的定义可以省略,此时函数值的隐含类型是(　　　)。

  A. void　　　　　　　　　　　　　B. int

  C. float　　　　　　　　　　　　　D. double

300. 关于 C 语言的规定,以下不正确的说法是(　　)。

　　A. 实参可以是常量、变量或表达式　　　B. 形参可以是常量、变量或表达式

　　C. 实参可以为任何类型　　　　　　　　D. 形参应与其对应的实参类型一致

301. 以下正确的函数定义形式是(　　)。

　　A. double fun(int x,int y)　　　　　　B. double fun(int x;int y)

　　C. double fun(int x,int y);　　　　　　D. double fun(int x,y);

302. 在 C 语言中,以下正确的说法是(　　)。

　　A. 实参和与其对应的形参各占用独立的存储单元

　　B. 实参和与其对应的形参共占用一个存储单元

　　C. 只有当实参和与其对应的形参同名时才共占用存储单元

　　D. 形参是虚拟的,不占用存储单元

303. 若调用一个函数,且此函数中没有 return 语句,则正确的说法是:该函数(　　)。

　　A. 没有返回值　　　　　　　　　　　　B. 返回若干系统默认值

　　C. 能返回一个用户所希望的值　　　　　D. 返回一个不确定的值

304. 以下叙述中正确的是(　　)。

　　A. 全局变量的作用域一定比局部变量的作用域范围大

　　B. 静态(static)类别变量的生存期贯穿于整个程序的运行期间

　　C. 函数的形参都属于全局变量

　　D. 未在定义语句中赋初值的 auto 变量和 static 变量的初值都是随机值

305. 以下正确的说法是(　　)。

　　A. 用户若需调用标准库函数,调用前必须重新定义

　　B. 用户可以重新定义标准库函数,若如此,该函数将失去原有含义

　　C. 系统根本不允许用户重新定义标准库函数

　　D. 用户若需调用标准库函数,调用前不必使用预编译命令将该函数所在文件包
　　　 括到用户源文件中,系统自动去调用

306. 若用数组名作为函数的实参,则传递给形参的是(　　)。

　　A. 数组的首地址　　　　　　　　　　　B. 数组第一个元素的值

　　C. 数组中全部元素的值　　　　　　　　D. 数组元素的个数

307. 以下正确的说法是(　　)。

　　A. 定义函数时,形参的类型说明可以放在函数体内

　　B. return 后边的值不能为表达式

　　C. 如果函数值的类型与返回值类型不一致,以函数值类型为准

　　D. 如果形参与实参类型不一致,以实参类型为准

308. C 语言规定:简单变量作为实参时,它和对应形参之间的数据传递方式是(　　)。

　　A. 地址传递　　　　　　　　　　　　　B. 单向值传递

　　C. 由实参传给形参,再由形参传回给实参　D. 由用户指定的传递方式

309. C 语言允许函数类型省略定义,此时函数值隐含的类型是(　　)。

　　A. float　　　　　　　　　　　　　　　B. int

　　C. long　　　　　　　　　　　　　　　D. double

310. C 语言规定,函数返回值的类型由(　　　)。

    A. return 语句中的表达式类型所决定

    B. 调用该函数时的主调函数类型所决定

    C. 调用该函数时系统临时决定

    D. 在定义该函数时所指定的函数类型所决定

311. 以下错误的描述是(　　　)。

    A. 函数调用可以出现在执行语句中

    B. 函数调用可以出现在一个表达式中

    C. 函数调用可以作为一个函数的实参

    D. 函数调用可以作为一个函数的形参

312. 关于建立函数的目的,以下正确的说法是(　　　)。

    A. 提高程序的执行效率　　　　　　　B. 提高程序的可读性

    C. 减少程序的篇幅　　　　　　　　　D. 减少程序文件所占内存

313. 以下只有在使用时才为该类型变量分配内存的存储类说明是(　　　)。

    A. auto 和 static　　　　　　　　　B. auto 和 register

    C. register 和 static　　　　　　　　D. extern 和 register

314. 若已定义的函数有返回值,则以下关于该函数调用的叙述中错误的是(　　　)。

    A. 函数调用可以作为独立的语句存在

    B. 函数调用可以作为一个函数的实参

    C. 函数调用可以出现在表达式中

    D. 函数调用可以作为一个函数的形参

315. 当调用函数时,实参是一个数组名,则向函数传送的是(　　　)。

    A. 数组的长度　　　　　　　　　　　B. 数组的首地址

    C. 数组每一个元素的地址　　　　　　D. 数组每个元素中的值

316. 在 C 语言中,形参的默认存储类是(　　　)。

    A. auto　　　　　　B. register　　　　　C. static　　　　　D. extern

317. 在调用函数时,如果实参是简单变量,则它与对应形参之间的数据传递方式是(　　　)。

    A. 地址传递　　　　　　　　　　　　B. 单向值传递

    C. 由实参传给形参,再由形参传回实参　D. 传递方式由用户指定

318. 以下运算符中优先级最低的是(　　　)。

    A. &&　　　　　　　B. &　　　　　　　C. ||　　　　　　　D. |

319. sizeof(float)是(　　　)。

    A. 一种函数调用　　　　　　　　　　B. 一个不合法的表达式

    C. 一个整型表达式　　　　　　　　　D. 一个浮点表达式

320. 在 C 语言中,要求运算数必须是整型或字符型的运算符是(　　　)。

    A. &&　　　　　　　B. &　　　　　　　C. !　　　　　　　D. ||

321. 在 C 语言中,要求运算数必须是整型的运算符是(　　　)。

    A. ^　　　　　　　　B. %　　　　　　　C. !　　　　　　　D. >

322. 在位运算中,操作数每左移一位,其结果相当于(　　　)。

  A. 操作数乘以 2   B. 操作数除以 2

  C. 操作数除以 4   D. 操作数乘以 4

323. 在位运算中,操作数每右移一位,其结果相当于(　　　)。

  A. 操作数乘以 2   B. 操作数除以 2

  C. 操作数除以 4   D. 操作数乘以 4

324. 表达式 0x13&0x17 的值是(　　　)。

  A. 0x17   B. 0x13   C. 0xf8   D. 0xec

325. 若 a＝1,b＝2,则 a|b 的值是(　　　)。

  A. 0   B. 1   C. 2   D. 3

326. 以下叙述中不正确的是(　　　)。

  A. 预处理命令行都必须以 ♯ 开始

  B. 在程序中凡是以 ♯ 开始的语句行都是预处理命令行

  C. C 语言程序在执行过程中对预处理命令行进行处理

  D. 以下是正确的宏定义: ♯define IBM_PC

327. 设 char 型变量 x 中的值为 10100111,则表达式(2＋x)^(～3)的值是(　　　)。

  A. 10101001   B. 10101000   C. 11111101   D. 01010101

328. 若要说明一个类型名 STP,使得定义语句 STP s 等价于 char ＊ s,以下选项中正确的是(　　　)。

  A. typedef STP char ＊ s;   B. typedef ＊ char STP;

  C. typedef stp ＊ char;   D. typedef char ＊ STP;

329. 以下叙述中正确的是(　　　)。

  A. 在程序的一行上可以出现多个有效的预处理命令行

  B. 使用带参的宏时,参数的类型应与宏定义时的一致

  C. 宏替换不占用运行时间,只占编译时间

  D. 在以下定义中 C R 是称为"宏名"的标识符: ♯define C R　045

330. 以下各选项想说明一种新的类型名,其中正确的是(　　　)。

  A. typedef v1 int;   B. typedef v2＝int;

  C. typedef int v3;   D. typedef v4: int;

331. 以下叙述中正确的是(　　　)。

  A. 可以把 define 和 if 定义为用户标识符

  B. 可以把 define 定义为用户标识符,但不能把 if 定义为用户标识符

  C. 可以把 if 定义为用户标识符,但不能把 define 定义为用户标识符

  D. define 和 if 都不能定义为用户标识符

332. 以下叙述中不正确的是(　　　)。

  A. 表达式 a&＝b 等价于 a＝a&b   B. 表达式 a|＝b 等价于 a＝a|b

  C. 表达式 a!＝b 等价于 a＝a!b   D. 表达式 a^＝b 等价于 a＝a^b

333. 设"int b＝2;",表达式(b＞＞2)/(b＞＞1)的值是(　　　)。

  A. 0   B. 2   C. 4   D. 8

334. 若 x＝2,y＝3,则 x&y 的结果是(　　)。

    A. 0　　　　　　　　B. 2　　　　　　　　C. 3　　　　　　　　D. 5

335. 整型变量 x 和 y 的值相等,且为非 0 值,则以下选项中,结果为 0 的表达式是(　　)。

    A. x ‖ y　　　　　　B. x ｜ y　　　　　　C. x & y　　　　　　D. x ^ y

336. 下面说明不正确的是(　　)。

    A. char a[10]＝"china";　　　　　　　　B. char a[10], * p＝a;p＝"china"

    C. char * a;a＝"china";　　　　　　　　D. char a[10], * p;p＝a＝"china"

337. 设 p1 和 p2 是指向同一个字符串的指针变量,c 为字符变量,则以下不能正确执行的赋值语句是(　　)。

    A. c＝ * p1＋ * p2;　　　　　　　　　　B. p2＝c;

    C. p1＝p2;　　　　　　　　　　　　　　D. c＝ * p1 * (* p2);

338. 设"char * s＝"\ta\017bc";",则指针变量 s 指向的字符串所占的字节数是(　　)。

    A. 9　　　　　　　　B. 5　　　　　　　　C. 6　　　　　　　　D. 7

339. 对于基本类型相同的两个指针变量之间,不能进行的运算是(　　)。

    A. <　　　　　　　　B. ＝　　　　　　　　C. ＋　　　　　　　　D. －

340. 若有以下定义"int t[3][2];",则能正确表示 t 数组元素地址的表达式是(　　)。

    A. &t[3][2]　　B. t[3]　　　　　　C. &t[1]　　　　　D. t[2]

341. 变量的指针是指该变量的(　　)。

    A. 值　　　　　　　　B. 地址　　　　　　　C. 名　　　　　　　　D. 一个标志

342. 若有语句"int * point,a＝4;"和"point＝&a;",则下面均代表地址的一组选项是(　　)。

    A. a,point, * &a　　　　　　　　　　　　B. & * a,&a, * point

    C. * &point, * point,&a　　　　　　　　D. &a,& * point,point

343. 若有说明"int * p,m＝5,n;"则以下正确的程序段是(　　)。

    A. p＝&n;scanf("%d",&p);　　　　　　B. p＝&n;scanf("%d", * p)

    C. scanf("%d",&n); * p＝n;　　　　　　D. p＝&n; * p＝m;

344. 若有说明"int * p1, * p2,m＝5,n;",则以下均是正确赋值语句的选项是(　　)。

    A. p1＝&m;p2＝&p1　　　　　　　　　　B. p1＝&m;p2＝&n; * p1＝ * p2;

    C. p1＝&m;p2＝p1　　　　　　　　　　D. p1＝&m; * p2＝ * p1;

345. 下面判断正确的是(　　)。

    A. "char * a＝"china";"等价于"char * a; * a＝"china";"

    B. "char str[10]＝{"china"};"等价于"char str[10];str[]＝{"china"};"

    C. "char * s＝"china";"等价于"char * s;s＝"china";"

    D. "char c[4]＝"abc",d[4]＝"abc";"等价于"char c[4]＝d[4]＝"abc";"

346. 若定义"int a＝511, * b＝&a;",则"printf("%d\n", * b);"的输出结果为(　　)。

    A. 无确定值　　　　B. a 的地址　　　　　C. 512　　　　　　　D. 511

347. 若有定义"int * p[3];",则以下叙述中正确的是(　　)。

    A. 定义了一个基类型为 int 的指针变量 p,该变量具有 3 个指针

    B. 定义了一个指针数组 p,该数组含有 3 个元素,每个元素都是基类型为 int 的指针

C. 定义了一个名为 ∗ p 的整型数组,该数组含有 3 个 int 型元素

D. 定义了一个可指向一维数组的指针变量 p,所指一维数组应具有 3 个 int 型元素

348. 下列选项中正确的语句组是(　　　)。

A. char s[8]; s={"Beijing"};　　　　　　B. char ∗ s; s={"Beijing"};

C. char s[8]; s="Beijing";　　　　　　　D. char ∗ s; s="Beijing";

349. 若有说明"int n=2, ∗ p=&n, ∗ q=p;",则以下非法的赋值语句是(　　　)。

A. p=q;　　　　　B. ∗ p= ∗ q;　　　　　C. n= ∗ q;　　　　　D. p=n;

350. 在说明语句"int ∗ f();"中,标识符 f 代表的是(　　　)。

A. 一个用于指向整型数据的指针变量　　B. 一个用于指向一维数组的行指针

C. 一个用于指向函数的指针变量　　　　D. 一个返回值为指针型的函数名

351. 若有定义"int aa[8];",则以下表达式中不能代表数组元 aa[1]的地址的是(　　　)。

A. &aa[0]+1　　　B. &aa[1]　　　　C. &aa[0]++　　　D. aa+1

352. 若有说明"int i, j=2, ∗ p=&i;",则能完成 i=j 赋值功能的语句是(　　　)。

A. i= ∗ p;　　　　B. ∗ p= ∗ &j;　　　　C. i=&j;　　　　　D. i= ∗∗ p;

353. 设有定义"int n=0, ∗ p=&n, ∗∗ q=&p;",则以下选项中,正确的赋值语句是(　　　)。

A. p=1;　　　　　B. ∗ q=2;　　　　　C. q=p;　　　　　D. ∗ p=5;

354. fscanf 函数的正确调用形式是(　　　)。

A. fscanf(fp,格式字符串,输出表列);

B. fscanf(格式字符串,输出表列,fp);

C. fscanf(格式字符串,文件指针,输出表列);

D. fscanf(文件指针,格式字符串,输入表列);

355. 系统的标准输入文件是指(　　　)。

A. 键盘　　　　　B. 显示器　　　　　C. 软盘　　　　　D. 硬盘

356. 函数 ftell(fp) 的作用是(　　　)。

A. 得到流式文件中的当前位置　　　　　B. 移到流式文件的位置指针

C. 初始化流式文件的位置指针　　　　　D. 以上答案均正确

357. 函数 rewind 的作用是(　　　)。

A. 使位置指针重新返回文件的开头

B. 将位置指针指向文件中所要求的特定位置

C. 使位置指针指向文件的末尾

D. 使位置指针自动移至下一个字符位置

358. fseek 函数的正确调用形式是(　　　)。

A. fseek(文件类型指针,起始点,位移量)

B. fseek(fp,位移量,起始点)

C. fseek(位移量,起始点,fp)

D. fseek(起始点,位移量,文件类型指针)

359. 利用 fseek 函数可以实现的操作是(　　　)。

A. 改变文件的位置指针　　　　　　　　B. 文件的顺序读写

C. 文件的随机读写　　　　　　　　　　D. 以上答案均正确

360. 函数调用语句"fseek(fp,—20L,2);"的含义是(　　)。

    A. 将文件位置指针移到距离文件头 20 字节处

    B. 将文件位置指针从当前位置向后移动 20 字节

    C. 将文件位置指针从文件末尾向前移动 20 字节

    D. 将文件位置指针移到距离当前位置 20 字节处

361. 若调用 fputc 函数输出字符成功,则其返回值是(　　)。

    A. EOF   B. 1   C. 0   D. 输出的字符

362. 在执行 fopen 函数时,ferror 函数的初值是(　　)。

    A. TRUE   B. —1   C. 1   D. 0

363. fwrite 函数的一般调用形式是(　　)。

    A. fwrite(buffer,count,size,fp);   B. fwrite(fp,size,count,buffer);

    C. fwrite(fp,count,size,buffer);   D. fwrite(buffer,size,count,fp);

364. 以下 read 函数的调用形式中,参数类型正确的是(　　)。

    A. read(int fd,char * buf,int count)   B. read(int * buf,int fd,int count)

    C. read(int fd,int count,char * buf)   D. read(int count,char * buf,int fd)

365. 已知函数的调用形式为"fread(buffer,size,count,fp);",其中 buffer 代表的是(　　)。

    A. 一个整数,代表要读入的数据项总数

    B. 一个文件指针,指向要读的文件

    C. 一个指针,指向要读入数据的存放地址

    D. 一个存储区,存放要读的数据项

366. 当顺利执行了文件关闭操作时,fclose 函数的返回值是(　　)。

    A. —1   B. TRUE   C. 0   D. 1

367. 若以"a+"方式打开一个已存在的文件,则以下叙述正确的是(　　)。

    A. 文件打开时,原有文件内容不被删除,位置指针移到文件末尾,可进行添加和读操作

    B. 文件打开时,原有文件内容不被删除,位置指针移到文件开头,可进行重写和读操作

    C. 文件打开时,原有文件内容被删除,只可进行写操作

    D. 以上各种说法皆不正确

368. 若要用 fopen 函数打开一个新的二进制文件,该文件要既能读也能写,则文件方式字符串应是(　　)。

    A. "ab++"   B. "wb+"   C. "rb+"   D. "ab"

369. 若执行 fopen 函数时发生错误,则函数的返回值是(　　)。

    A. 地址值   B. 0   C. 1   D. EOF

370. 以下叙述中不正确的是(　　)。

    A. C 语言中的文本文件以 ASCⅡ 码形式存储数据

    B. C 语言中对二进制文件的访问速度比文本文件快

    C. C 语言中,随机读写方式不适用于文本文件

    D. C 语言中,顺序读写方式不适用于二进制文件

371. 以下可作为函数 fopen 中第一个参数的正确格式是(   )。

    A. c:user\text.txt

    B. c:\user\text.txt

    C. "c:\user\text.txt"

    D. "c:\\user\\text.txt"

372. fgetc 函数的作用是从指定文件读入一个字符,该文件的打开方式必须是(   )。

    A. 只写

    B. 追加

    C. 读或读写

    D. 答案 B 和 C 都正确

373. 以下叙述中错误的是(   )。

    A. 二进制文件打开后可以先读文件的末尾,而顺序文件不可以

    B. 在程序结束时,应当用 fclose 函数关闭已打开的文件

    C. 在利用 fread 函数从二进制文件中读数据时,可以用数组名给数组中所有元素读入数据

    D. 不可以用 FILE 定义指向二进制文件的文件指针

374. 下列关于 C 语言数据文件的叙述中正确的是(   )。

    A. 文件由 ASCII 码字符序列组成,C 语言只能读写文本文件

    B. 文件由二进制数据序列组成,C 语言只能读写二进制文件

    C. 文件由记录序列组成,可按数据的存放形式分为二进制文件和文本文件

    D. 文件由数据流形式组成,可按数据的存放形式分为二进制文件和文本文件

375. 若 fp 已正确定义并指向某个文件,当未遇到该文件结束标志时函数 feof(fp) 的值为(   )。

    A. 0   B. 1   C. −1   D. 一个非 0 值

376. 若要打开 A 盘上 user 子目录下名为 abc.txt 的文本文件进行读写操作,下面符合此要求的函数调用是(   )。

    A. fopen("A:\user\abc.txt","r")

    B. fopen("A:\\user\\abc.txt","r+")

    C. fopen("A:\user\abc.txt","rb")

    D. fopen("A:\\user\\abc.txt","w")

377. 在 C 程序中,可把整型数以二进制形式存放到文件中的函数是(   )。

    A. fprintf 函数   B. fread 函数   C. fwrite 函数   D. fputc 函数

378. 若 fp 是指向某文件的指针,且已读到此文件末尾,则库函数 feof(fp) 的返回值是(   )。

    A. EOF   B. 0   C. 非 0 值   D. NULL

379. C 语言结构体类型变量在程序执行期间(   )。

    A. 所有成员一直驻留在内存中

    B. 只有一个成员驻留在内存中

    C. 部分成员驻留在内存中

    D. 没有成员驻留在内存中

380. 当说明一个结构体变量时,系统分配给它的内存是(   )。

    A. 各成员所需内存量的总和

    B. 结构中第一个成员所需内存量

    C. 成员中占内存量最大者所需的容量

    D. 结构中最后一个成员所需内存量

381. 下列变量中合法的是(   )

    A. B.C.Tom   B. 3a6b   C. _6a7b   D. $ABC

382. 整型变量 x=1,y=3,经下列计算后,x 的值不等于 6 的是(　　)。

    A. x=(x=1+2,x＊2)
            B. x=y>2? 6:5

    C. x=9-(－－y)-(y－－)
       D. x=y＊4/2

383. 能正确表示逻辑关系"a≥10 或 a≤0"的 C 语言表达式是(　　)。

    A. a>=10 or a<=0
          B. a>=0 ｜ a<=10

    C. a>=10 & & a<=0
       D. a>=10 ‖ a<=0

384. C 程序的基本结构单位是(　　)。

    A. 文件
        B. 语句
        C. 函数
        D. 表达式

385. 设有说明"char w; int x; float y; double z;",则表达式 w ＊ x+z－y 值的数据类型为(　　)。

    A. float
        B. int
        C. char
       D. double

386. 已定义两个字符数组 a,b,则以下正确的输入格式是(　　)。

    A. scanf("%s%s", a, b);
       B. get(a, b);

    C. scanf("%s%s", &a, &b);
     D. gets("a"),gets("b");

387. C 语言中,逻辑"真"等价于(　　)。

    A. 大于 0 的数
    B. 非 0 的数
    C. 大于 0 的整数
    D. 非 0 的整数

388. 函数调用 strcat(strcpy(str1,str2),str3)的功能是(　　)。

    A. 将串 str1 复制到串 str2 中后再连接到串 str3 之后

    B. 将串 str1 连接到串 str2 之后再复制到串 str3 之后

    C. 将串 str2 连接到串 str1 之后再将串 str1 复制到串 str3 中

    D. 将串 str2 复制到串 str1 中后再将串 str3 连接到串 str1 之后

389. 任何一个 C 语言的可执行程序都是从(　　)开始执行的。

    A. 程序中的第一个函数
      B. main 函数的入口处

    C. 程序中的第一条语句
      D. 编译预处理语句

390. 下面叙述中错误的是(　　)。

    A. 函数的形式参数在函数未被调用时就不被分配存储空间

    B. 若函数的定义出现在主调函数之前,则可以不必再加说明

    C. 若一个函数没有 return 语句,则什么值也不会返回

    D. 一般来说,函数的形参和实参的类型要一致

391. 在一个 C 源程序文件中,若要定义一个只允许本源文件中所有函数使用的全局变量,则该变量需要使用的存储类型是(　　)。

    A. extern
        B. register
       C. auto
       D. static

392. 若有以下定义和语句:

```
int  a[10]={1,2,3,4,5,6,7,8,9,10}, ＊p=a;
```

则不能表示 a 数组元素的表达式是(　　)。

    A. ＊p
        B. a[9]
        C. ＊p++
        D. a[＊p－a]

393. C 语言函数的隐含存储类别是(　　)。

    A. static
        B. auto
        C. register
       D. extern

394. 下面说法中错误的是(   )。

    A. 共用体变量的地址和它各成员的地址都是同一地址

    B. 共用体内的成员可以是结构变量,反之亦然

    C. 在任一时刻,共用体变量的各成员只有一个有效

    D. 函数可以返回一个共用体变量

395. 若 int a＝3,则执行完表达式 a－＝a＋＝a＊a 后,a 的值是(   )。

    A. −15   B. −9   C. −3   D. 0

396. 设变量定义为"int x, ＊p＝&x;",则 &(＊p)相当于(   )。

    A. p   B. ＊p   C. x   D. ＊(&x)

397. 以下程序的执行结果是(   )。

```
{ int  x = 0, s = 0;
 while( !x != 0 ) s += ++x;
 printf( "%d",s); }
```

    A. 0   B. 1   C. 语法错误   D. 无限循环

398. 执行下列程序段后,m 的值是(   )。

```
int w = 2, x = 3, y = 4, z = 5, m;
m = (w < x)?w:x;
m = (m < y)?m:y;
m = (m < z)?m:z;
```

    A. 4   B. 3   C. 5   D. 2

399. C 语言的 switch 语句中 case 后(   )。

    A. 只能为常量

    B. 只能为常量或常量表达式

    C. 可为常量或表达式或有确定值的变量及表达式

    D. 可为任何量或表达式

400. C 语言的 if 语句中,用作判断的表达式为(   )。

    A. 任意表达式   B. 逻辑表达式

    C. 关系表达式   D. 算术表达式

401. C 语言程序的 3 种基本结构是顺序结构、选择结构和(   )结构。

    A. 循环   B. 递归   C. 转移   D. 嵌套

402. 若变量已正确定义且 k 的值是 4,计算表达式(j＝4,k－－)后,j 和 k 的值为(   )。

    A. j＝3,k＝3   B. j＝3,k＝4

    C. j＝4,k＝4   D. j＝4,k＝3

403. 下列语句定义 pf 为指向 float 类型变量 f 的指针,(   )是正确的。

    A. float f, ＊pf＝f;   B. float f, ＊pf＝&f;

    C. float ＊pf＝&f, f;   D. float f, pf

404. 设变量定义为"int a，b；"，执行下列语句时，输入（　　），则 a 和 b 的值都是 10。

```
scanf("a=%d, b=%d",&a, &b);
```

  A. 10 10   B. 10，10

  C. a=10 b=10   D. a=10，b=10

405. C 语言源程序名的扩展名是（　　）。

  A. .exe   B. .c   C. .obj   D. .cp

406. 以下关于 long、int 和 short 类型数据占用内存大小的叙述中正确的是（　　）

  A. 均占 4 字节

  B. 根据数据的大小来决定所占内存的字节数

  C. 由用户自己定义

  D. 由 C 语言编译系统决定

407. 若变量均已正确定义并赋值，以下合法的 C 语言赋值语句是（　　）。

  A. x=n/2.5；   B. x==5；

  C. x+n=I；   D. 5=x=4+1；

408. 已知字符'A'的 ASCⅡ代码值是 65，字符变量 c1 的值是'A'，c2 的值是'D'。执行语句"printf("%d,%d",c1,c2-2);"后，输出结果是（　　）。

  A. A,B   B. A,68   C. 65,66   D. 65,68

409. 以下叙述中错误的是（　　）。

  A. 用户所定义的标识符允许使用关键字

  B. 用户所定义的标识符应尽量做到"见名知意"

  C. 用户所定义的标识符必须以字母或下画线开头

  D. 用户定义的标识符中，大小写字母代表不同标识

410. 以下叙述中错误的是（　　）。

  A. 可以通过 typedef 增加新的类型

  B. 可以用 typedef 将已存在的类型用一个新的名字来代表

  C. 用 typedef 定义新的类型名后，原有类型名仍有效

  D. 用 typedef 可以为各种类型起别名，但不能为变量起别名

411. 下列（　　）表达式的值为真，其中 a=5;b=8;c=10;d=0。

  A. a*2>8+2 B. a&&d   C. (a*2-c)||d D. a-b<c*d

412. 下列字符数组中长度为 5 的是（　　）。

  A. char a[]={'h', 'a', 'b', 'c', 'd'};

  B. char b[]= {'h', 'a', 'b', 'c', 'd', '\0'};

  C. char c[10]= {'h', 'a', 'b', 'c', 'd'};

  D. char d[6]= {'h', 'a', 'b', 'c', '\0'};

413. 从循环体内某一层跳出，继续执行循环外的语句是（　　）。

  A. break 语句 B. return 语句 C. continue 语句 D. 空语句

414. 下列数据中属于"字符串常量"的是（　　）。

  A. ABC   B. "ABC"   C. 'ABC'   D. 'A'

415. C语言源程序文件经过 C 编译程序编译连接之后生成一个扩展名为(　　)的可执行文件。

    A. .c   B. .obj   C. .exe   D. .bas

416. 若有定义"int a[10], * p=a;",则 p+5 表示(　　)。

    A. 元素 a[5] 的地址   B. 元素 a[5] 的值

    C. 元素 a[6] 的地址   D. 元素 a[6] 的值

417. 定义结构体的关键字是(　　)。

    A. union   B. enum   C. struct   D. typedef

418. C语言中,合法的字符型常量是(　　)。

    A. "a"   B. 'a'   C. 97   D. a

419. 下列正确的标识符是(　　)。

    A. _do   B. 6a   C. %y   D. a+b

420. 设有说明"char c; int x; double z;",则表达式 c * x+z 值的数据类型为(　　)。

    A. float   B. int   C. char   D. double

421. 下列说法中错误的是(　　)。

    A. 一个数组只允许存储同种类型的变量

    B. 如果在对数组进行初始化时,给定的数据元素个数比数组元素个数少,则多余的数组元素会被自动初始化为最后一个给定元素的值

    C. 数组的名称其实是数组在内存中的首地址

    D. 当数组名作为参数被传递给某个函数时,原数组中的元素的值可能被修改

422. 判断两个字符串是否相等,正确的表达方式是(　　)。

    A. while(s1= =s2)   B. while(s1=s2)

    C. while(strcmp(s1,s2)= =0)   D. while(strcmp(s1,s2)=0)

423. 下面叙述中错误的是(　　)。

    A. 主函数中定义的变量在整个程序中都是有效的

    B. 在其他函数中定义的变量在主函数中也不能使用

    C. 形参也是局部变量

    D. 复合语句中定义的函数只在该复合语句中有效

424. C语言函数内定义的局部变量的隐含存储类别是(　　)。

    A. static   B. auto

    C. register   D. extern

425. 有定义"char * p1, * p2;",则下列表达式中正确、合理的是(　　)。

    A. p1/=5   B. p1 * =p2   C. p1=&p2   D. p1+=5

426. 若 int a=2,则执行完表达式 a−=a+=a * a 后,a 的值为(　　)。

    A. −8   B. −4   C. −2   D. 0

427. 算术运算符、赋值运算符和关系运算符的运算优先级按从高到低的顺序依次为(　　)。

    A. 算术运算、赋值运算、关系运算   B. 关系运算、赋值运算、算术运算

    C. 算术运算、关系运算、赋值运算   D. 关系运算、算术运算、赋值运算

428. 以下程序的执行结果是（　　）。

```
main()
{ int  num = 0;
 while( num <= 2 ) {  num++;  printf( "%d,",num ); }  }
```

    A. 0,1,2　　　　　B. 1,2,　　　　　　　C. 1,2,3,　　　　　D. 1,2,3,4,

429. 以下程序的执行结果是（　　）。

```
main()
{ int  w = 1, x = 2, y = 3, z = 4;
  w = ( w < x ) ? x : w;
  w = ( w < y ) ? y : w;
  w = ( w < z ) ? z : w;
  printf( "%d", w );}
```

    A. 1　　　　　　　B. 2　　　　　　　　C. 3　　　　　　　D. 4

430. 以下程序的输出结果是（　　）。

```
void fun(int  a, int  b, int  c)
{  a = 456; b = 567; c = 678;  }
main()
{ int  x = 10, y = 20, z = 30;
   fun(x, y, z);
   printf("%d,%d,%d\n", z, y, x);}
```

    A. 30,20,10　　　B. 10,20,30　　　　C. 456567678　　　D. 678567456

431. 若 x=2,y=3,则 x‖y 的结果是（　　）。

    A. 0　　　　　　　B. 1　　　　　　　　C. 2　　　　　　　D. 3

432. C 语言中,switch 后的括号内表达式的值可以是（　　）。

    A. 只能为整型　　　　　　　　　　　　B. 只能为整型、字符型、枚举型

    C. 只能为整型和字符型　　　　　　　　D. 任何类型

433. 下面叙述中正确的是（　　）。

    A. 对于用户自己定义的函数,在使用前必须加以声明

    B. 声明函数时必须明确其参数类型和返回类型

    C. 函数可以返回一个值,也可以什么值也不返回

    D. 空函数在不完成任何操作,所以在程序设计中没有用处

434. 对于定义"char *aa[2]={"abcd","ABCD"}",下列选项中说法正确的是（　　）。

    A. aa 数组元素的值分别是"abcd"和"ABCD"

    B. aa 是指针变量,它指向含有两个数组元素的字符型一维数组

    C. aa 数组的两个元素分别存放的是含有 4 个字符的一维字符数组的首地址

    D. aa 数组的两个元素中各自存放了字符'a'和'A'的地址

435. 以下正确的字符串常量是（　　）。

    A. "\\\"　　　　　　B. 'abc'　　　　　　C. OlympicGames　　D. 'A'

436. 如果 int a＝2,b＝3,c＝0,下列叙述正确的是(   )。

    A. a＞b!＝c 和 a＞(b!＝c)的执行顺序是一样的

    B. !a!＝(b!＝c)表达式的值为 1

    C. a‖(b＝c)执行后 b 的值为 0

    D. a&&b＞c 的结果为假

437. 若有如下定义和语句,且 0<=i<5,下面(   )是对数值为 3 数组元素的引用。

```
int a[] = {1,2,3,4,5}, * p,i;
p = a;
```

    A. ＊(a＋2)   B. a[p－3]

    C. p＋2   D. a＋3

438. 字符串指针变量中存入的是(   )。

    A. 字符串   B. 字符串的首地址

    C. 第一个字符   D. 字符串变量

439. 为表示关系 $x \geqslant y \geqslant z$,应使用的 C 语言表达式(   )。

    A.(x＞=y)&&(y＞=z)   B.(x＞=y) AND (y＞=z)

    C.(x＞=y＞=z)   D.(x＞=z)&(y＞=z)

440. C 语言源程序文件经过 C 编译程序编译后生成的目标文件的扩展名为(   )

    A. .c   B. .obj   C. .exe   D. .bas

441. 若变量已正确定义,执行语句"scanf("%d,%d,%d ",&k1,&k2,&k3);"时,
(   )是正确的输入。

    A. 2030,40   B. 20 30 40   C. 20，30 40   D. 20,30,40

442. C 语言中 while 和 do-while 循环的主要区别是(   )。

    A. while 的循环控制条件比 do-while 的循环控制条件严格

    B. do-while 的循环体至少无条件执行一次

    C. do-while 允许从外部转到循环体内

    D. do-while 循环体不能是复合语句

443. 以下该程序的输出结果是(   )。

```
main()
{int x = 1,a = 0,b = 0;
switch (x)
  { case  0: b++;
    case  1: a++;
    case  2: a++;b++;}
printf("a = % d,b = % d",a,b);
}
```

    A. 2,1   B. 1,1   C. 1,0   D. 2,2

444. 定义共用体的关键字是(   )。

    A. union   B. enum   C. struct   D. typedef

445. 下列关于指针定义的描述中,(　　)是错误的。

　　A. 指针是一种变量,该变量用来存放某个变量的地址值

　　B. 指针是一种变量,该变量用来存放某个变量的值

　　C. 指针变量的类型与它所指向的变量类型一致

　　D. 指针变量的命名规则与标识符相同

446. 以下选项中合法的用户标识符是(　　)。

　　A. long　　　　　　B. _2Test　　　　　C. 3Dmax　　　　　D. A.dat

447. 设 a 和 b 均为 double 型常量,且 a＝5.5,b＝2.5,则表达式(int)a＋b/b 的值是(　　)。

　　A. 6.500000　　　　　　　　　　　B. 6

　　C. 5.500000　　　　　　　　　　　D. 6.000000

448. 已知 i,j,k 为 int 型变量,若从键盘输入:1,2,3<回车>,使 i 的值为 1,j 的值为 2,k 的值为 3,以下选项中正确的输入语句是(　　)。

　　A. scanf("%2d%2d%2d",&i,&j,&k);

　　B. scanf("%d %d %d",&i,&j,&k);

　　C. scanf("%d,%d,%d",&i,&j,&k);

　　D. scanf("i=%d,j=%d,k=%d",&i,&j,&k);

449. 若有以下程序:

```
main()
{
  int k = 2,i = 2,m;
  m = (k += i *= k);
  printf(" % d, % d\n",m,i);
}
```

执行后的输出结果是(　　)。

　　A. 8,6　　　　　　B. 8,3　　　　　　C. 6,4　　　　　　D. 7,4

450. 设 a,b,c,d,m,n 均为 int 型变量,且 a＝5,b＝6,c＝7,d＝8,m＝2,n＝2,则逻辑表达式(m＝a>b)&&(n＝c>d)运算后,n 的值为(　　)。

　　A. 0　　　　　　　B. 1　　　　　　　C. 2　　　　　　　D. 3

451. 为表示关系 0≤x≤5,应使用的 C 语言表达式是(　　)。

　　A. (x>=y)&&(x<=5)　　　　　　　B. (x>=y)‖(x<=5)

　　C. (0<=x<=5)　　　　　　　　　　D. (x>=0)&(5>=x)

452. t 为 int 型,进入下面的循环之前,t 的值为 0。

```
while( t = 1 )
{ … }
```

则以下叙述中正确的是(　　)。

　　A. 循环控制表达式的值为 0　　　　　B. 循环控制表达式的值为 1

　　C. 循环控制表达式不合法　　　　　　D. 以上说法都不对

453. 以下程序中，while 循环的循环次数是（   ）。

```
main()
{
  int  i = 0;
  while(i < 10)
  {
    if(i < 1)   continue;
    if(i == 5)  break;
    i++;
  }
}
```

    A. 1   B. 4

    C. 6   D. 死循环，不能确定次数

454. 已知大写字符 'A' 的 ASCII 码是 65，小写字符 'a' 的 ASCII 码是 97，则用八进制表示的字符常量 '\101' 是（   ）。

    A. 字符 'A'   B. 字符 'a'

    C. 字符 'e'   D. 非法的常量

455. 以下函数的类型是（   ）。

```
fff(float x)
{
  return 5;
}
```

    A. 与参数 x 的类型相同   B. void 类型

    C. int 类型   D. 无法确定

456. 结构化程序由 3 种基本结构组成，这 3 种基本结构组成的算法（   ）。

    A. 可以完成任何复杂的任务   B. 只能完成部分复杂的任务

    C. 只能完成符合结构化的任务   D. 只能完成一些简单的任务

457. 下列关于单目运算符＋＋、－－的叙述中，正确的是（   ）。

    A. 它们的运算对象可以是任何变量和常量

    B. 它们的运算对象可以是 char 型变量和 int 型变量，但不能是 float 型变量

    C. 它们的运算对象可以是 int 型变量，但不能是 double 型变量和 float 型变量

    D. 它们的运算对象可以是 char 型变量、int 型变量和 float 型变量

458. 有以下程序段：

```
int n = 0, p;
do
{
  scanf(" % d", &p);
  n++;
}while(p!= 12345&&n < 3);
```

此处 do-while 循环的结束条件是(　　)。

A. p 的值不等于 12345 并且 n 的值小于 3

B. p 的值等于 12345 并且 n 的值大于或等于 3

C. p 的值不等于 12345 或者 n 的值小于 3

D. p 的值等于 12345 或者 n 的值大于或等于 3

459. 以下所列的 C 语言常量中,错误的是(　　)。

A. 0xFF　　　　　B. 1.2e0.5　　　　　C. 2L　　　　　D. '\72'